Wie man spektakuläre Events plant, bewirbt und veranstaltet.

von David Ledoux.

Spezialreport

Das ist der wichtigste Zweck eines Events. Stärken Sie den Glauben Ihres Teams an die Firma, die Produkte, die gesamte Network-Marketing-Branche und - das ist das Wichtigste - ihren Glauben an sich selbst.

Sie arbeiten mit einem der besten Vertriebsmodelle, das die Welt je gekannt hat. Network-Marketing bewirkt dank effektiver Mund-zu-Mund-Propaganda und durch Weiterempfehlungen ein außergewöhnliches Maß an Markentreue, riesige Umsätze und begeisterte Geschäftspartner. Aber große und effektive Vertriebsnetze entstehen nicht durch Zufall.

Seit den Anfängen der Network-Marketing-Branche in den vierziger Jahren, der enormen Entwicklung in den Achtzigern und Neunzigern und dem Anbruch des Goldenen Zeitalters jetzt im 21. Jahrhundert, ist die Planung, Promotion und Produktion spektakulärer Events ein integraler Bestandteil wachsender Netze.

Dieser Spezialbericht soll nicht das letzte Wort zu diesem Thema sein sondern vielmehr ein guter Auftakt. Ich habe versucht, die besten Tipps, Strategien und meine Erfahrungen mit erfolgreichen Events aus 14 Jahren Network-Marketing in diesem Bericht zusammenzubringen.

Sie werden dieses Programm sicherlich mehr als einmal durchnehmen, und zwar mit Bleistift und Papier. Ich hoffe, dass Sie die Gelegenheit nutzen, eigene Check-Listen, Trainings und Downline-Informationen zu entwickeln. Denken Sie langfristig. Denken Sie an zahllose Duplizierungen. Los geht's!

Ich möchte sieben Schlüsselkonzepte behandeln und sie jeweils etwas näher betrachten. Die sieben Konzepte lauten:

1) Ziel des Events
2) Art des Events
3) Planung des Events
4) Werbung und Promotion für das Event
5) Produktion des Events
6) Ausführung
7) Planung nach dem Event

Befassen wir uns zunächst eingehend mit Punkt 1: Das Ziel des Events. Ein hervorragender Punkt für den Anfang, der außerdem einen wichtigen Schlüssel zur gesamten Branche darstellt. Also frage ich: „Was ist der Zweck des Events?"

Meiner Meinung nach ist der Zweck jedes Events, Werbung für den nächsten Event zu machen. Das möchte ich wiederholen, denn es ist eine Idee, die Millionen wert ist. Der Zweck jedes Events ist, Werbung für den nächsten Event zu machen.

Das möchte ich Ihnen gerne näher erläutern. Das Networking entspringt einer lebendigen, atmenden, dynamischen Organisation. Als Ganzes ist es größer als die Summe seiner Bestandteile. Jedes Mitglied hat ein Leben innerhalb wie außerhalb seiner Gruppe. Events sind Meilensteine, nicht nur auf der Straße des Lebens sondern auch Ihrer Laufbahn im Network-Marketing. Bedenken Sie immer, dass Ihr Team das gleiche Augenmerk hat wie Sie und ich. Wenn Sie und Ihr Team sich darauf konzentrieren, was einen Kilometer vor ihnen liegt, bleiben sie in Bewegung. Andernfalls sagen Sie sich in Wirklichkeit: „Wir haben es geschafft. Es gibt nichts mehr, wohin es sich zu reisen lohnt. Stehen bleiben!"

Nachdem wir das nun festgestellt haben, wissen wir, dass sich eine Organisation eigentlich nur in zwei Richtungen entwickeln kann: Entweder wächst sie oder sie schrumpft.
Das Network-Marketing kennt keine Homöostase, keinen Status quo und kein Plateau. Es gibt nur Wachstum oder Niedergang. Daher ist es nicht nur wichtig, ein für Wachstum förderliches Umfeld zu schaffen, es ist wesentlich.

Gut organisierte Events, starke Ereignisse schaffen ein Umfeld, in dem es leichter fällt, das für den Erfolg so notwendige frische Blut zu rekrutieren. Wichtig ist dabei, wer sich im Saal befindet. Und das sind eigentlich nur zweierlei Menschen: Geschäftspartner und Gäste. Im Kopf der Gäste muss ein Bild entstehen, wie sie Ihrem Team beitreten und Erfolg haben. Und die Geschäftspartner müssen ihr viergliedriges Glaubenssystem festigen, das ihr geistiges Bild vom Erfolg unterstützt.

Das ist der wichtigste Zweck eines Events. Stärken Sie den Glauben Ihres Teams an die Firma, die Produkte, die gesamte Network-Marketing-Branche und - das ist das Wichtigste - ihren Glauben an sich selbst.

Es ist lebenswichtig, dass jeder ein Event mit einer umfassenderen Vorstellung dessen verlässt, was ihm alles möglich ist. Starke Events konzentrieren sich vor allem auf Anerkennung und Leistungen. Leistungsmaßstäbe,

Gut geplante Events schaffen das richtige Umfeld, um die Fähigkeiten der gesamten Organisation zu erweitern.

die zu öffentlicher Anerkennung führen, haben große Auswirkungen auf eine Organisation. Wenn Menschen öffentlich anerkannt werden, erzeugt dies bei ihnen Überzeugungen, die weiteres Wachstum fördern. Es bestärkt die lebenswichtige Überzeugung, dass ihr Team und die Organisation sie wirklich schätzt. Auch das hat auf andere wesentlichen Einfluss. Gäste und neue Geschäftspartner, denen es im traditionellen Arbeitsumfeld an Anerkennung und positiver Unterstützung fehlt, halten die Chance auf persönliche Anerkennung für erfrischend und attraktiv. Bei bereits länger tätigen Geschäftspartnern entstehen häufig neue Vorstellungen und der innere Dialog, der das neue Paradigma unterstützt. Sie stoßen Ihren Partner an und sagen: „Nächstes Jahr stehe ich dort oben, Liebling!" Sie erzeugen neue Paradigmen für die Organisation, vergleichbar mit denen von Roger Bannister, der 1954 die Meile erstmals unter 4 Minuten lief, was man zuvor für unmöglich gehalten hatte.

Gut geplante Events schaffen das richtige Umfeld, um die Fähigkeiten der gesamten Organisation zu erweitern.

Man kann Informationen vermitteln, mit denen der Einzelne besser voran kommt und seinen Wert für die Organisation steigert. Und nicht zuletzt bieten Events einen Ort, um Wettbewerbe, Bildungsprogramme, Produkte, Besonderheiten und natürlich den nächsten Event zu promoten.

Insgesamt schaffen Events also das richtige Umfeld für Rekrutierung und Wachstum. Sie untermauern die vier wichtigsten Glaubenssätze der Branche. Sie zeigen ein größeres Bild dessen, was möglich ist. Events bieten den Ort für Anerkennung, Training und natürlich für Werbung und Promotion.

Welche Art Events gibt es? Wahrscheinlich Dutzende. In diesem Bericht befassen wir uns mit den wichtigsten Vier: Dem Business-Briefing, sowohl zuhause als auch im Hotel; dem Workshop für neue Geschäftspartner; dem Super-Samstag und der Regionalkonferenz oder dem „Mega-Event".

Lassen Sie sich von alledem nicht ins Boxhorn jagen. Wenn Sie ganz neu in diesem Geschäft sind, konzentrieren Sie sich aufs Sponsern. Wenn Ihr Team jedoch groß genug ist, dass es Sie in tausend Richtungen zerrt, dann machen Sie mit Events das Beste aus Ihrer Zeit. Sie können mir ruhig glauben: Sie werden durch das Wachstum Ihrer Gruppe kompetenter und fähiger und Ihr Glaube ans Geschäft wird wachsen.

Fangen wir mit dem Event an, das Sie wahrscheinlich am häufigsten durchführen: mit dem Business-Briefing zuhause. Bedenken Sie dabei immer, dass die Fähigkeit, etwas zu duplizieren, die Hauptrolle im Network-Marketing spielt. „Der private Geschäftsempfang", wie man das Business-Briefing auch nennen könnte, ist das einfachste Event und daher am leichtesten duplizierbar. Es bietet das leichteste Umfeld für Anfänger, um ihre Präsentationsfähigkeiten zu schulen.

Erlauben Sie mir, Ihnen ein paar Dinge zu vermitteln, die Sie tun und die Sie lassen sollten, damit ein Meeting bei Ihnen zuhause zum Erfolg wird. Machen wir uns nichts vor: Ablehnung und Leute, die einem erst zusagen und dann doch nicht kommen, gehören zum Geschäft. Aber der Schmerz, drei Stunden irgendwohin zu fahren und dann kommt niemand, oder schlimmer noch, man kommt in ein Haus voll schreiender Kinder und bellender Hunde, mit stinkendem Kohl auf der Herdplatte, oder ein Haus voller Kettenraucher, das kann für Anfänger der Anfang und das Ende ihrer Network-Marketing-Laufbahn sein.

Planung und Kommunikation sind der Schlüssel. Mal angenommen, Sie planen mit einen neuen Geschäftspartner in 10 Tagen ein Meeting bei ihm zuhause. Wo wohnt er? Verfügen Sie über eine genaue Wegbeschreibung? Ich meine, mit Straßennamen und allem drum und dran? Wenn nicht, suchen Sie vielleicht ewig und die Gäste noch viel länger. Was für eine Wohnung ist es? Ein Haus, ein Appartement, ein Wohnwagen, eine Rostlaube unten am Fluss? Wann kommt der Gastgeber von der Arbeit? Wie spät fängt das Meeting an? Wie viele Leute aus der Downline kommen und wie viele Gäste?

Hier ein paar Vorschläge: Keine Kinder. Ich meine, überhaupt keine. Geben Sie sie in die Obhut eines Babysitters, lassen Sie sie bei den Großeltern oder Nachbarn; also keine Kinder. Keine Haustiere. Es darf nicht gekocht werden. Geben Sie den Leuten entweder Kekse oder am besten ein paar Proben von Ihren Produkten. Räumen Sie das teure Service weg. Pappteller sind leicht duplizierbar und schnell weggeräumt.

Die wichtigsten zwei Momente bei einem Meeting sind die Einleitung und der Aufruf, aktiv zu werden.

Kein Alkohol und keine Zigaretten. Punkt. Wenn ich Ihnen erklären muss, warum, dann sind Sie für dieses Geschäft noch nicht bereit.

Wenn Sie das Wohnzimmer vorbereiten, dann stellen Sie die Flipchart in eine Ecke des Zimmers, wo sie nicht im Weg steht. Tafeln und Flipcharts lassen sich leichter duplizieren als Laptops, PowerPoint Präsentationen, Overhead-Projektoren und Internet-Präsentationen. Stellen Sie keine zusätzlichen Stühle ins Wohnzimmer. Ich wiederhole: Stellen Sie keine zusätzlichen Stühle ins Wohnzimmer! Die Leute sollten sich dorthin setzen, wo sie das normalerweise tun würden. Wenn mehr Leute kommen: Hurra! Holen Sie erst dann zusätzliche Sitzgelegenheiten aus dem Schlafzimmer oder dem Keller.

Keine Produktauslage im Wohnzimmer: dazu ist die Küche da. Nach dem Meeting bitten Sie nicht interessierte Gäste zu gehen und die anderen, noch auf einen Kaffee oder ein Glas zu bleiben. Diese Menschen können eventuell, nachdem Sie ihnen den Plan präsentiert haben, die Produkte analysieren und die Broschüren studieren.

Bitten Sie den Gastgeber, Ihnen einen Parkplatz vor dem Haus zu reservieren. Wenn Sie ankommen, hilft er Ihnen die Sachen ins Haus zu tragen, die Sie für die Präsentation brauchen. Bringen Sie ihm bei, wie er Sie vorstellen soll, sodass Sie optimale Glaubwürdigkeit genießen. Das ist doppelt so wichtig, wenn er Sie zu Anfang des Meetings vorstellt.

Stellen Sie das Telefon mindestens eine Stunde vor Anfang ab. Wenn Sie den Gästen eine gute Wegbeschreibung gegeben haben, wären Absagen das Einzige, was Sie erwarten können. Wenn Sie wollen, können Sie etwa folgende Nachricht auf den Anrufbeantworter sprechen: „Hallo, hier spricht David. Wenn Sie wegen einer Wegbeschreibung zu dem Event heute Abend anrufen, dann fahren Sie die Elm Straße nach Westen, bis Sie auf die Pinestraße kommen, biegen Sie dann links ab und fahren Sie zwei Häuserblocks weiter Richtung Birch und biegen Sie dann rechts ab. Wir sind in Haus Nummer 50. Bitte parken Sie auf der Straße. Wenn Sie für heute keine Einladung bekommen haben, dann tut es mir leid: Wir haben nur sehr begrenzt Platz. Wenn Sie gerne erfahren möchten, wie Sie ein zweites Einkommen erzielen und in 24 Monaten völlig schuldenfrei sein können, sprechen Sie Namen und Telefonnummer aufs Band. Ich wünsche Ihnen einen wundervollen Tag!" Piep.

10 Minuten vor Anfang des Events hängen Sie bitte ein Schild an die Tür: „Ruhe bitte! Event läuft. Bitte treten Sie ein ohne zu klingeln/klopfen." Richten Sie den Raum so ein, dass die Nachzügler sich hinten hinsetzen können und so, dass die Gäste den Sprecher und nicht die Tür im Blick haben.

Ein kurzes Wort zur Kleidung: Ich bin der Überzeugung, dass man auf einem Geschäftsmeeting ein professionelles Vorbild geben sollte. Man sollte professionell gekleidet sein oder leger, aber stilvoll. Wenn die Gäste gebeten werden, sich entsprechend zu kleiden, wird sich niemand unwohl fühlen. Wie kleidet man sich in Ihrem Team? Das liegt ganz bei Ihnen und Ihrer Upline. Bei einem Meeting in einer Wohnung kann man sich ein bis zwei Stufen lässiger kleiden als bei einem Hotel-Meeting. Wie Sie auch immer entscheiden mögen, teilen Sie es allen mit. Nichts ist schlimmer, als mit Anzug und Schlips eine Präsentation vor Leuten zu machen, die in T-Shirts, Sandalen und kurzen Hosen kommen.

Die wichtigsten zwei Momente bei einem Meeting sind die Einleitung und der Aufruf, aktiv zu werden.

Der Gastgeber sollte Sie so vorstellen, dass er Ihre Glaubwürdigkeit steigert, denn dann hören die Gäste Ihnen gut zu.

Das ist nicht der Zeitpunkt, als Komödiant zu reüssieren. Benutzen Sie Karteikarten, auf denen Ihr Drehbuch oder die wichtigsten Punkten stehen. Der Aufruf, aktiv zu werden, am Ende der Präsentation ist ganz wesentlich. Ich unterteile die Menschen dazu in drei Gruppen. Gruppe 3 hat an nichts von dem, was sie gesehen oder gehört hat, Interesse. „Vielen Dank. Ich freue mich, dass Sie sich die Zeit genommen haben, vorbeizuschauen."

„Gruppe 2, Sie haben ernstes Interesse an unseren Produkten. Wir haben ein wichtiges Informationspaket für Sie, das Sie mit nach Hause nehmen und näher studieren können."

„Wenn Sie zur Gruppe 1 gehören, dann sind Sie daran interessiert, Ihr Leben in den Griff zu bekommen, ein zusätzliches Einkommen für Ihre Familie zu erzielen,

Wenn man Sie bittet, ein Testimonial über ein Produkt oder das Geschäft zu geben, dann nehmen Sie die Sache ernst.

schuldenfrei zu werden und sich in Wohlstand zur Ruhe zu setzen. Ich möchte Sie bitten, auf einen Kaffee zu bleiben und sich unsere Produktauslage anzusehen. Wir haben ein Informationspaket zu unserem Geschäft für Sie zusammengestellt, das Sie mit nehmen können. Vielen Dank, dass Sie gekommen sind. Wenn Sie zu Gruppe 1 oder 2 gehören, dann kommen Sie bitte jetzt mit in die Küche, wir haben ein paar Erfrischungen für Sie.“
Ich lege meinen Filzstift hin und gehe festen Schritts in die Küche. Ich nehme mir eine Tasse Kaffee und helfe beim Aussortieren der Gäste. Der Gastgeber bedankt sich bei Gruppe 3 und hilft den Leuten zur Tür. Ich rede mit den Gästen, die dageblieben sind und achte darauf, dass sie ihr Informationspaket bekommen.

Vergessen Sie nicht, die Leute am Ende des Meetings zu unterteilen. Ich habe hervorragende Meetings kollabieren und sich in Chaos verwandeln gesehen, weil der Präsentator die Kontrolle verloren hat und eine Debatte über die vielen falschen Ansichten über unsere Branche entbrannte. Achten Sie darauf, dass Gruppe 3 zur Tür gebracht wird und nach Hause geht.

Nach einem Kaffee ist es eventuell angebracht, Gruppe 1 wieder vor die Flipchart zu lotsen und ihr ein 5-minütiges Training zu geben. Und wenn alle Gäste gegangen sind und es ist noch Zeit, dann führen Sie mit dem Gastgeber und den verbliebenen Geschäftspartnern ein Mini-Training durch.

Ein Chancen-Meeting in einem Hotel ist ähnlich, aber es bedarf einer aufwendigeren Planung. Hier ein paar Vorschläge. Bringen Sie Ihren Leuten bei, frühzeitig zu erscheinen. Für Profis fängt das 19:30-Meeting um sieben Uhr an. Sie können Ihren Gästen die besten Plätze in den ersten Reihen reservieren, wo sie nicht abgelenkt werden. Sie können Ihre Gäste anderen ernsthaften Geschäftspartnern vorstellen, die ihnen etwas über die Produkte und das Geschäft erzählen. Sie können ihnen die Produkte zeigen. Dadurch sieht Ihre Upline, wie ernst es Ihnen ist. Und bedenken Sie immer: ***Erfolg ist gut gekleidet.***

Holen Sie Ihre Gäste ab. Damit eliminieren Sie Absagen. Und denken Sie daran, immer beide Partner eines Paares mitzunehmen. Der Mann mag das Familienoberhaupt sein, aber die Frau ist der Hals, der den Kopf lenkt!!
Nehmen Sie selber rege teil. Sparen Sie weder mit Applaus noch mit Gelächter. Wenn Sie tun, als wären Sie gelangweilt, wird Ihr Gast es ihnen gleichtun. Bereiten Sie sich darauf vor, über Ihre Produkte und das Geschäft zu erzählen. Erzählen Sie in 45 Sekunden die beste Geschichte über die Vorteile, die es Ihnen verschafft hat.

Wenn möglich, sorgen Sie dafür, dass Ihr Gast sich bereits vor Erscheinen als geeignet erwiesen hat. Hotel-Meetings eignen sich am besten als zweiter oder dritter Blick auf unser Geschäft, beispielsweise nachdem man ein Video gesehen, eine Einzelpräsentation erhalten oder ein Business-Briefing bei jemand zuhause bekommen hat.

Bedenken Sie immer, dass hervorragende Events nicht vom Himmel fallen. Man braucht ein hervorragendes Team für die Organisation. Dafür hilft es allen, ihr Geschäft auszubauen. Bitten Sie den Organisator, dem Unterstützer-Team angehören zu dürfen. Jedes Meeting braucht jemand für den Einlass und die Teilnehmerliste, jemanden, der die Leute an der Tür grüßt, jemanden, der die Produkte präsentiert, jemand, der den Gastgeber macht und den Hauptredner ankündigt und präsentiert. Erlernen und meistern Sie all diese Dinge auf Ihrem Weg zum erfolgreichen, professionellen Networker.

Wenn man Sie bittet, ein Testimonial über ein Produkt oder das Geschäft zu geben, dann nehmen Sie die Sache ernst.

Es ist eine wichtige Aufgabe. Sie könnten buchstäblich derjenige sein, der den einen Vorteil erwähnt, der jemandem dazu bewegt, eine Entscheidung zu treffen, die sein Leben ändert.
Übung ist der Schlüssel. Schämen Sie sich nicht, mit Ihrer Upline zu üben. 45 bis 60 Sekunden lang. Stehen Sie da und lächeln Sie, und erzählen Sie etwas von Ihrem Hintergrund und weshalb Sie so begeistert sind. Reden Sie von den Vorteilen für den Lebensstil, über das Mehr an Freizeit und die Veränderungen in Ihnen und Ihrem Leben. Achten Sie auf gesetzliche Vorschriften, was Behauptungen zum Einkommen und zu Produkten betrifft. Aber vermitteln Sie vor allem Ihre Begeisterung und Überzeugtheit. Was begeistert Sie am meisten? Reden Sie darüber!

Nichts begeistert neue Teammitglieder so sehr wie große Events!

Hier eine kurze Checkliste für Meetings:

Hotellobby: Achten Sie auf ein Hinweisschild zum Saal. Öffnen Sie den Einlass eine Dreiviertelstunde vor Anfang des Meetings. Denken Sie an eine Kasse, genügend Wechselgeld und vorgefertigte Quittungen, an grüne Namensschilder für Geschäftspartner und blaue für Gäste, an unterschiedliche Einschreibebögen für beide Gruppen und Flyer für das nächste Event.

Bitten Sie den größten freundlichen Geschäftspartner, als Türsteher zu fungieren, die Leute zu begrüßen und darauf zu achten, dass jeder sich einträgt.

Bei uns bauen immer zwei Geschäftspartner, die wir etwa alle ein bis zwei Monate wechseln, die Produktpräsentation auf. Dadurch entsteht eine Art Wettbewerb, denn jeder möchte die schönste und imposanteste Präsentation gestalten. Sind Sie stolz auf die Produkte? Dann zeigt sich das in der Auslage.
Der Gastgeber ist unter anderem dafür verantwortlich, die Musik eine Dreiviertelstunde vor Anfang leise anzustellen, die Lautstärke immer weiter zu steigern bis 2 Minuten vor Anfang, und anschließend den ersten Präsentator anzukündigen. Nach dem Meeting macht er die Musik bei mittlerer Lautstärke wieder an, um damit die Energie und begeisterte Atmosphäre noch eine Weile aufrecht zu erhalten.

Organisieren Sie große Events wie Samstagstrainings oder zweitägige Konferenzen nicht allein. Sie brauchen ein Organisationskomitee dafür, Menschen für die unterschiedlichsten Aufgaben, ein Budget, Hotelbuchungen, Redner und so weiter. Mein Rat: Fangen Sie klein an, bauen Sie das Vertrauen und die Kompetenz des Teams auf und wachsen Sie. Eines Tages werden Sie Stadien mit 25.000 und mehr Leuten füllen!

Befassen wir uns nun mit der Werbung und Promotion von Events.

Ein heiß debattiertes Thema dabei ist: Karten im Vorverkauf oder Karten am Eingang. Mit welchem Modell deckt man seine Kosten besser? Hier meine Erfahrung: Je größer das Event und je höher die Overhead-Kosten, desto wichtiger ist der Vorverkauf von Eintrittskarten. Wir verkaufen die Karten für Events von 500 Teilnehmern aufwärts ab 90 Tagen im Voraus. Bei reinen Trainingsevents verkaufen wir nur Einzelkarten, denn Tickets für Paare sind nicht effektiv und die Verwaltung ist ein Alptraum. Wir lassen bei diesen Events Gäste zu, wenn Sie ein Ticket kaufen, denn wer das tut, dem ist es offensichtlich sehr ernst mit unserem Geschäft. Alle Rekrutierungsevents sind für Gäste kostenfrei. Die Eintrittspreise variieren also je nach Zweck des Events.

Bei großen Events gestatten wir Führungskräften den Ankauf von Eintrittskarten en bloc – beispielsweise 10 oder 20 Stück. Damit haben Sie Karten für die Haus-Meetings, Hotel-Briefings und für die Rekrutierung neuer Geschäftspartner.

Nichts begeistert neue Teammitglieder so sehr wie große Events!

Wir produzieren für fast alle Events Flyer und verteilen sie bei allen Treffen, Meetings und Trainings und reden davon am Telefon und über Voice-Mail. Und so verteilen wir die Events normalerweise übers Jahr.
Wir organisieren drei wichtige Wochenend-Events, eins im Januar, eins Ende April und eins Mitte September. Das Ziel unseres Teams ist es, jeweils das Haus zu füllen und eine neue Wachstumsphase anzuschieben. Eines der wichtigsten Ziele dieser Events ist es, die Leute auszuzeichnen und sie in Anerkennung zu baden, damit sie wissen, wie sehr wir sie schätzen. Damit erzeugt man Erwartungsdruck für den nächsten großen Event. Übrigens geben wir allen Leuten, die im vorangegangenen Vierteljahr befördert worden sind, ein weißes VIP-Band, setzen sie in die ersten Reihen und bitten sie an genau vorher geplanten Momenten auf die Bühne. Das kann das Leben der Leute buchstäblich ändern. Seien Sie bereit, auf jeder Leistungsebene starke Gefühle zu sehen. Es ist schon erstaunlich, was ein weißes Band für 50 Cent mit erwachsenen Männer und Frauen machen kann. Bedenken Sie, dass Menschen weit mehr für Anerkennung arbeiten als für Geld. Tickets für die großen Events gibt es immer nur im Vorverkauf, am Eingang gibt es keine.

Einmal im Monat veranstalten wir an einem Wochentag ein großes Hotel-Briefing. Dies hat den Zweck, neue Geschäftspartner zu gewinnen und die Beförderungen des letzten Monats zu feiern. Wir haben wöchentliche und zweiwöchentliche Events dieser Art ausprobiert, aber monatliche sind für unsere Bedürfnisse das Beste. Das könnte für Ihre Gruppe anders sein.
Außerdem planen wir, vor allem für neue

Geschäftspartner, ein Samstagstraining im Monat. Wir trommeln alle zusammen und konzentrieren uns auf die Grundlagen, wie man eine gute Downline aufbaut. ***Die anderen 29 Tage im Monat baut das Team in Cafés und Wohnzimmern der ganzen Welt die eigenen Geschäfte aus.***

Diese Strukturen sind nicht vom Himmel gefallen, sondern wir haben Jahre gebraucht, sie zu entwickeln. Ich schlage vor, anfangs kleine Schritte zu machen und die Erfahrung aus den vorangegangenen Erfolgen für den nächsten Event zu nutzen.

Befassen wir uns nun ein wenig mit der Veranstaltung, der Saalauswahl beispielsweise. Im Grunde gilt: Die Preise für Hotelräumlichkeiten sind immer verhandelbar! Halten Sie Ausschau nach guten Hotels in Ihrer Gegend. Sprechen Sie mit der Hotelleitung. Sehen Sie sich die Säle an und schaffen Sie sich eine Datenbank der Preise. Sie suchen Räumlichkeiten mit guter Beleuchtung, hohen Decken, ohne Säulen oder Wandspiegel. Und wenn es um Audio- und Videoanlagen geht, die Sie eventuell brauchen: Auch hier sind die Preise verhandelbar!

Wenn Sie ein Event veranstalten, halten Sie die Pläne und Zeitplanung auf Papier fest. Legen Sie genau fest, welche Aufgaben jeder hat. Nehmen Sie die Zeitplanung und was die Leute von Sprechern erwarten, mit diesen durch. Erlauben Sie unerfahrenen Sprechern nicht, zu improvisieren, sondern bitten Sie sie um ein Exposé und eine Kurzbiografie. Das ist besonders wichtig, wenn Leute aus diesem Umfeld auf großen Events Testimonials geben. Planen Sie das ganz genau, schreiben Sie es auf – ***keine Überraschungen.***

Planen Sie auch die Kleinigkeiten, die so viel bedeuten können. Wie ist es mit einem Preisausschreiben an der Tür? Die Leute gewinnen für ihr Leben gern etwas. Sie werden staunen, wie viele Network-Marketing-Verkäufer Ihnen gerne Bücher, Videos, Abonnements, Kataloge und Produkte für große Events zur Verfügung stellen.

Also: Planen Sie alles und schreiben Sie es auf. Wenn Sie alles schriftlich fixieren, wird es sehr viel leichter, Verbesserungen zu machen, weitere Events zu organisieren und das Ganze in anderen Städten zu duplizieren.

Mal angenommen, es ist der Vorabend eines großen Events – egal, ob ein Super-Samstag für 50 Teilnehmer oder eine Regionalkonferenz für 5000 Menschen. Sie sind nervös. Gut… nein, hervorragend!

Beenden Sie Events rechtzeitig und mit einem Paukenschlag und promoten Sie um Himmelswillen den nächsten Event!

Das sollten Sie auch sein. Das Gefühl freudiger Erwartung macht das Leben als Führungskraft so aufregend. Genießen Sie es, denn je länger Sie auf dieser Ebene mitspielen, desto schwieriger wird es, diesen Adrenalinrausch zu erzeugen. Machen Sie sich keine Sorgen, nachdem der Event vorbei ist, werden Sie schlafen wie ein Murmeltier.

Erwarten Sie kontrolliertes Chaos am Eingang, wenn die Leute kommen. Sorgen Sie dafür, dass Ihre Freiwilligen rechtzeitig da sind und informieren Sie sie am Vorabend. Geben Sie ihnen gut sichtbare, große Namensschilder, damit die Gäste sie leicht erkennen können, wenn sie Hilfe brauchen. Auch die Türsteher und andere, die Gäste begrüßen, brauchen Namensschilder. Ernennen Sie eine ruhige und vertrauenswürdige Person zum „Bereitschaftsoffizier“ (BO). Saal zu warm? Sagen Sie es dem BO. Nicht genügend Sitzgelegenheiten? Der BO kümmert sich bereits darum. Mikrofon zu laut? Sie verstehen schon… der BO ist jemand, der jede Nuss knacken kann. Er oder sie kümmert sich um die Probleme hinter der Bühne und sorgt so dafür, dass große Events gut laufen.

Der Gastgeber bei großen Events ist ein Zeremonienmeister und leitet die Sprecher ein, kündigt die Pausen und Mahlzeiten an und hält das Ganze generell in Schwung. Das ist kein Job für scheue, introvertierte Neulinge sondern eine wichtige Position mit viel Verantwortung, die man sich verdient.
Große Events laufen auch besser, wenn man die Termine veröffentlicht: die Pausen, Mittagspausen, Preisausschreiben an der Tür, Belobigungen auf der Bühne und Vorträge; so haben die Teilnehmer die nötigen Informationen, um das Ereignis richtig zu genießen. Natürlich muss man solch einen Zeitplan flexibel handhaben, aber dennoch werden sich die Leute freuen, wenn sie im Voraus wissen, was geplant ist.

Tun Sie alles in Ihrer Macht stehende, damit der Tag mit einem Höhepunkt endet. Ihr bester, inspirierendster Sprecher muss den Saal zum Kochen bringen. Die Leute erinnern sich am meisten daran, was sie am Ende des Tages empfunden haben.

Es gibt kein besseres Gefühl, als bei einem Event voller Leute hinter der Bühne zu stehen und die Parade stolzer, gerade beförderter Geschäftspartner auf der Bühne stehen zu sehen.

Beenden Sie Events rechtzeitig und mit einem Paukenschlag und promoten Sie um Himmelswillen den nächsten Event!
Was ist nach einem Event?

Glauben Sie, die Woche nach einem wichtigen Event sei wichtiger als die Woche davor?

Ich jedenfalls tue das. Stellen Sie sich vor, dass Sie und Ihre Helfer sich die Hacken abgelaufen haben, um dem großen Training am Wochenende massenweise Teilnehmer zuzuführen. Sie sind begeistert, das Team und Ihre Gäste sind es ebenfalls. Gegen Ende des Events sammeln Sie Ihre Truppen in einer Ecke des Saals. Sie bitten sie, Sie in ein paar Tagen anzurufen und vielleicht treffen sie sich auf ein Tasse Kaffee, und dann sagen Sie, wie müde Sie sind und dass Sie jetzt drei Tage Schlaf brauchen könnten. Ja, ja… und Tschüss zur erzeugten Dynamik.

Was aber dann? Terminplaner werden gezückt. Sie sollten für jeden Abend in der kommenden Woche ein Meeting bei den neuen Leuten zuhause organisieren. Schlagen Sie zu, solange das Eisen heiß ist! Organisieren Sie ein Essen nach dem Event für Ihre gesamte Truppe plus neue Gäste. Bringen Sie den Papierkram in Ordnung und legen Sie die Starter-Trainings fest. Arbeiten Sie noch fünf weitere Tage, bevor Sie nach Luft schnappen. Stellen Sie sich vor, was geschieht, wenn Ihre gesamte Gruppe so verfährt.

Das ist keine Dynamik, das ist eine Explosion!

Als Organisator des Events sollten Sie eine Strategiesitzung mit Ihren Freiwilligen durchführen. Analysieren Sie den Event und notieren Sie die Verbesserungsvorschläge, solange sie noch frisch sind. Das tun Sie am besten noch am gleichen Abend oder am Tag nach dem Event.

Schicken Sie Dankeskarten an alle Sprecher und Verkäufer. Wenn Sie den Leuten das Gefühl geben, etwas Besonderes zu sein, werden Sie gern wiederkommen und anderen erzählen, wie professionell Ihr Team agiert.

Prüfen Sie das Budget und skizzieren Sie den nächsten Event. Aber bedenken Sie immer, dass Ihre wichtigste Aufgabe die Weiterentwicklung Ihres Netzes ist. Events sind nur ein Mittel zum Zweck.

Es gibt kein besseres Gefühl, als bei einem Event voller Leute hinter der Bühne zu stehen und die Parade stolzer, gerade beförderter Geschäftspartner auf der Bühne stehen zu sehen.

Wenn Sie sich für die riesige Verantwortung entscheiden, ein Network-Marketing-Profi zu werden, können Sie sicher sein, dass es der Mühe mehr als wert ist. Ich hoffe, dass dieser Bericht Ihnen – zumindest ein wenig – dabei hilft, Ihre Ziele zu erreichen. Ich wünsche Ihnen riesigen Erfolg und freue mich darauf, Ihnen auf den schönsten Stränden dieser Erde zu begegnen.

ÜBER DAVID LEDOUX….

David Ledoux arbeitet seit 1987 in der Network-Marketing-Branche.

Er hat als Millionenverdiener und Spitzenproduzent, als Berater der Branche und Unternehmensberater unglaubliche Erfolge erzielt. Er ist ein hervorragender Redner und Erfolgstrainer und der Autor von

«Der ultimative Leitfaden für Ihren durchschlagenden Erfolg im Network Marketing»

The Road to Gold und Beyond the Road to Gold. Er wohnt mit seiner Frau Falia im kanadischen Markdale, Ontario.

Sie können seine Trainings-Webseite besuchen:
http://www.ilovemlm.de

Trainingsunterlagen für ***«Der ultimative Leitfaden für Ihren durchschlagenden Erfolg im Network Marketing»*** erhalten Sie unter http://www.mlm-training.com

Unseren kostenlosen Newsletter für Ihren Erfolg im Network Marketing erhalten Sie unter

David Ledoux

Der ultimative *Leitfaden* für Ihren durchschlagenden Erfolg im Network Marketing

David Ledoux

„Der ultimative Leitfaden für Ihren durch–schlagenden Erfolg in MLM“
ISBN 3-902114-12-6

Titel der amerikanischen Originalausgabe:
“The Ultimate Blueprint“”
Aus dem Amerikanischen übersetzt von Jürgen Schilling

Dt. Erstausgabe November 2003

Herausgegeben von:
MLM Training GmbH
Fachverlag und Trainingsinstitut
für Network Marketing und Direktvertriebe
6424 Silz, Austria
www.mlm-training.com

Haftungsausschluss

Der Verlag und der Autor schließen jegliche Haftung für persönliche Verluste oder Risiken aus, die die Nutzung der in diesem Buch enthaltenen Informationen oder Ratschläge direkt oder indirekt zur Folge haben.

Desweiteren garantieren weder Verlag noch Autor den Lesern, dass diese Information ihnen Gewinne bringen werden. Jede Behauptung oder Versprechung, dass Geld zu verdienen sei, sei sie implizit oder explizit, beruht lediglich auf der Meinung des Autors zu der enthaltenen Information.

Wie bei jedem Unternehmen obliegt es dem Besitzer oder Eigentümer dieses Unternehmens, den Erfolg seines Unterfangens zu gewährleisten. Sie können mehr oder weniger verdienen, als das hierin entwickelte Programm behauptet oder auch nicht behauptet. Es wird dem Leser aufs Wärmste empfohlen, alle behördlichen und amtlichen Regelwerke oder Gesetze zu befolgen, die das hierin beschriebene Geschäft regulieren und/oder besteuern. Weder der Verlag noch der Autor beabsichtigen juristische, buchhalterische oder professionelle Ratschläge.

Printed in Europe
Coverdesign & Layout der dt. Ausgabe
Visual Productions, Austria

Inhaltsverzeichnis

Kapitel 1 *Auftakt der Reise* ... 7

Kapitel 2 *Wie man richtig anfängt* ... 13

Kapitel 3 *Der subatomare Kreislauf des Network-Marketings* ... 25

Kapitel 4 *Der Trick beim Geld ist: welches zu haben* ... 47
(Wie man den Plan präsentiert)

Kapitel 5 *Seine Träume aufbauen, damit man den Traum leben kann* ... 63

Kapitel 6 *Wie man die kommende Woche, den nächsten Monat und das Jahr so plant, dass man maximale Ergebnisse erzielt* ... 75

Kapitel 7 *Die Kunst der Tiefe* ... 83

Kapitel 8 *Das Mastermind-Konzept* ... 93

Kapitel 9 *Was ein Team zusammenschweißt* ... 99

Kapitel 10 *Im kalten Markt Kontakte knüpfen* ... 107

Kapitel 11 *Automatische Rekrutierungsmaschinen und die Zukunft* ... 117

Kapitel 12 *Meine größten Fehler in diesem Geschäft* ... 127

Kapitel 13 *Ein Blick in meine geheimen Ordner* ... 139

Kapitel 14 *Schlusswort* ... 175

Literaturempfehlung ... 181

Vom Schreibtisch von David Ledoux...

David Ledoux
Vorstandsvorsitzender The Do! Team Inc.
Box 904, Markdale ON
N0C 1H0

Liebe Leserin, lieber Leser,

das Buch in Ihren Händen hat die Macht, den Lauf der Weltgeschichte zu ändern und zehn-, wenn nicht gar hunderttausende Menschen zutiefst zu berühren. Sie könnten das Werkzeug sein, das diesen umfassenden Wandel mitbewirkt, ohne es zu wissen. Das ist fast schon ein wenig gruselig. Sie haben ein enormes Potenzial, von dem Sie wahrscheinlich nicht einmal 1 % nutzen. Dieses Buch kann Ihr Schlüssel zu unglaublichem Wachstum sein. Und das meine ich wirklich ernst.

Haben Sie eine Vorstellung davon, welche Macht Network-Marketing hat – und sei es auch nur ansatzweise? Ist es ein Hobby, mit dem man sich nebenbei ein Taschengeld verdient? Ist es ein Geldspiel, ein Heidenspaß oder eine der vielen Geschäftsmöglichkeiten, die es gibt? Ist es eine Leidenschaft für Sie oder der Grund für vieler Frustrationen, die Ihr Denken lähmen? Ist es Ihr Lebenswerk und ein Erbe, das Sie Ihren Enkeln hinterlassen werden? Was bedeutet Network-Marketing Ihnen?

Ich nehme an, Sie lesen dieses Buch, weil es Ihnen ernst ist beim Aufbau eines Network-Marketing-Geschäfts. Sie mögen ein blutiger Anfänger, ein sich durchwurstelnder Neuling, ein ernsthafter Nebenverdiener, eine hart arbeitende Ganztagskraft oder sogar eine „Spitzenkraft" sein. Egal, wie kompetent und fähig Sie sind und wie viel Durchsetzungskraft Sie bereits haben: Sie wollen mit Network-Marketing mehr Geld verdienen, wollen mehr Spaß und Erfolg haben und größere Freiheiten genießen.

Haben Sie den Aufnahmeantrag unterschrieben und ein paar Produkte gekauft, weil Sie eines Tages Ihren Job kündigen möchten? Hat der Gedanke an ein neues Auto, ein Boot oder ein größeres Haus Sie inspiriert? Träumen Sie von exotischen Urlaubsstränden, Kreuzfahrten und Weltreisen? Wollen Sie mehr Geld spenden, Kinder fördern oder Ihre Kirche oder Glaubensgemeinschaft stärker finanziell unterstützen? Wenn Sie tief in sich blicken und ernsthaft über „das Geschäft" nachdenken, wie malen Sie sich Ihre Zukunft aus?

Auch wenn wir uns noch nie getroffen haben, so weiß ich doch, dass Sie Ihr immenses Potenzial im Network-Marketing noch nicht einmal ansatzweise erfasst haben. Sie haben buchstäblich die Macht, das Leben zahlloser Menschen von Grund auf zu ändern. Network-Marketing ist unermesslich, und Sie können damit weit mehr als Ihre größten Träume verwirklichen. Ich ziehe den Hut vor Ihrem Mut!

Wenn ich Mut sage, meine ich genau das: Mut. In meinen letzten 14 Jahren in diesem verrückten Geschäft habe ich einige der mutigsten, stärksten und tapfersten Männer und Frauen getroffen, die man sich nur vorstellen kann. Ich hatte leider auch das Pech, einige der größten Feiglinge, Gauner, Diebe, Betrüger und Angeber auf diesem Planeten zu treffen. Ich weiß, dass Sie mutig sind, weil Sie in dieses Geschäft und Ihr eigenes Leben investieren. Sie haben den Weg lebenslanger Weiterbildung eingeschlagen. Das ist kein besonders leichter Weg. Aber der leichte Weg ist sowieso nur etwas für die Masse.

Die Masse wird jeden Morgen vom nervtötenden Gebimmel des Weckers aus friedlichen Träumen gerissen. Und alle stöhnen: die Wehklage aller unfreier Menschen. Kurz unter die Dusche, eine Viertelstunde fürs äußere Erscheinungsbild, eine Tasse Kaffee und ein eiliges Frühstück, und schon stehen sie vor der Tür. Sie kriechen in einem Käfig auf vier Rädern durch den Berufsverkehr und dämpfen ihre Frustrationen mit dem Geschnatter im Autoradio. Dann sitzen sie wie Zombies im Büro, befassen sich acht endlos lange Stunden mit den Problemen anderer und schlagen sich mit einer Krise nach der anderen herum. Sie tragen unbequeme Kleidung, sitzen in unbequemen Stühlen und leben ein unbequemes Leben. Sie schaufeln das Mittagessen hastig in sich hinein und machen viel zu kurze Kaffeepausen. Wenn sie um 5 nach 5 wieder raus dürfen, kriechen sie über die gleichen Straßen zurück nach Hause und einem industriell gefertigten, geschmacklosen Abendessen entgegen. Anschließend betäuben sie sich mit dem Abendprogramm im Fernsehen, schauen vor dem Schlafengehen noch Nachrichten und schlafen schließlich ausgelaugt, voll Gift und Galle, gestresst und ängstlich ein. Und das Tag für Tag, 40 Jahre lang und mehr, bevor sie in Rente gehen können, um dann im Schnitt noch fünf Jahre von wenig Geld zu leben und schließlich an einer fürchterlichen, chronischen, degenerativen Krankheit zu sterben.

Ist das wirklich der leichte Weg?
Erwägung Nr. 1: Ist einem Fisch klar, dass er in Wasser schwimmt?

Ich hoffe, Sie finden die Schlüssel, Geheimnisse und Schätze, die in diesem Buch verborgen sind. Und ich wünsche mir, dass es dazu beiträgt, Ihren Geist teilweise freizusetzen, und dass es Ihnen bei der Entdeckung und Verwirklichung Ihres überwältigenden Potenzials dienen kann.

Ihr Freund,
David Ledoux
Quanten-Sucher

Kapitel 1

Auftakt der Reise

Kapitel 1 – Auftakt der Reise

Wo fängt eine Reise an? Am Anfang natürlich. Bevor wir langsam loseilen, wollen wir kurz erforschen, wo wir uns derzeit befinden. Machen Sie eine Bestandsaufnahme von Ihrem Network-Marketing-Geschäft, und füllen Sie den nachfolgenden Fragebogen aus. Machen Sie aber zuvor eine Kopie für Ihre Gruppe, und lassen Sie ihn auch von Ihrem Team ausfüllen. Wenn Sie die Antwort auf eine Frage nicht kennen, setzen Sie ein paar ??? dahinter, und erkundigen Sie sich bei Ihrer Upline. Wenn eine Frage nicht anwendbar ist, schreiben Sie NA dahinter.

Name: ______________________ Datum: ______________________

Seit wie vielen Monaten betreibe ich mein derzeitiges Network-Marketing-Geschäft? __________

Gesamtanzahl Geschäftspartner in meiner Downline?

____

Gesamtanzahl aktiver Geschäftspartner in meiner Downline? ______________________

Wie viele Personen habe ich persönlich gesponsert? ______________________

Gesamtanzahl potenzieller Geschäftspartner in meiner Datenbank? ______________________

Wann ist das nächste Firmentreffen? ______________________

Habe ich mich registrieren lassen? ______________________

Welches Einkommensziel habe ich für die nächsten 12 Monate? ______________________

Welche Rangstufe oder Ebene muss ich erreichen, damit ich das realisieren kann?

____

Wie viele Linien hat mein Geschäft? ______________________

Wie viele Linien haben eigene Führungskräfte? ______________________

Wie viele Stunden pro Woche arbeite ich derzeit für mein Geschäft? ______________________

Meine größte Befürchtung in Bezug auf Network-Marketing ist: ______________________

Meine größte Stärke in Bezug auf Network-Marketing ist: ______________________

Welches Buch lese ich derzeit? ______________________

Welche Bücher lesen meine Führungskräfte diesen Monat? ______________________

Wie lauten die Namen und Telefonnummern der Menschen in meiner Upline, die 10 Ränge oder Ebenen über mir stehen?

____

Habe ich mich Ihnen schon vorgestellt? ____________________________

***

Bevor Sie weiterlesen, fragen Sie sich: „Habe ich den Fragebogen ehrlich ausgefüllt?"

Wussten Sie, dass 80 % der zahllosen Networker, die dieses Handbuch kaufen, den Fragebogen nicht ausfüllen? Ist das nicht unglaublich?

Warum ist das so? Die Antwort auf diese Frage enthält einen Hinweis auf unser Wesen als Mensch. Weshalb ernten 20 % der Menschheit 80 % des Erfolges? Warum quält sich die große Masse der Menschheit und führt ein mehr oder weniger elendes Leben?

Kennen Sie das Pareto-Prinzip? Sie kennen es vielleicht als die 80/20-Regel. Vor 100 Jahren entdeckte der 1884 in Paris geborene Vilfredo Federico Domaso Pareto, ein schweizer Sozioökonom mit einer Ausbildung als Ingenieur, das Muster vorhersagbaren Ungleichgewichts, das wir heute Pareto-Prinzip nennen.
Bei seiner Erforschung von Einkommen und Wohlfahrt erwies sich, dass in allen Bereichen des Lebens das Muster „vorhersagbaren Ungleichgewichts", wie er es nannte, auftaucht. Einfach gesagt bedeutet dieses Prinzip, dass von jeder willkürlich gewählten Gruppe 20 % der Personen 80 % der Produktivität erzeugen. Es ist ganz egal, ob es dabei um Immobilien, den Autohandel, Versicherungen, Network-Marketing oder sonst was geht. Es scheint in den Genen verankert zu sein.

Ich hörte Anthony Robbins 1991 sagen: „Erfolg hinterlässt Anhaltspunkte." Ich wusste damals nicht, was er damit sagen wollte. Ich war Geschäftspartner einer Network-Marketing-Firma für Wasserfilter aus Plastik und sah, wie Leute $20.000 und mehr verdienten, aber ich nagte im Grunde am Hungertuch und steckte alles, was ich hatte, in mein Geschäft. Ich wusste nicht, weshalb ich mich so abmühte und es anderen so fantastisch ging. Ein Jahrzehnt später war mir die Bedeutung seiner Worte sonnenklar, und sie wurden mir ein hervorragender Wegweiser auf meinem Lebensweg.

Zurück zum Fragebogen. Falls Sie ihn bisher nicht ausgefüllt haben, dann haben Sie jetzt nochmals die Chance, sich aus der 80%-Gruppe zu befreien und zur Spitzengruppe der 20 % aufzuschließen. Füllen Sie ihn aus, so gut es geht.

***

Sie können das Beispiel Ihrem eigenen Geschäft anpassen. Der Schlüssel des Network-Marketings ist Duplizierbarkeit. Zu den Grundlagen der Duplizierbarkeit gehört das richtige Zuhören. Neue Mitglieder einer Downline werden im Allgemeinen scheitern, wenn sie versuchen, das Geschäft aus eigener Kraft zu machen. Es ist für Sie als Upline zwingend erforderlich, Ihrer gesamten Gruppe klare und eindeutige Botschaften zu vermitteln. Wir werden uns noch in allen Einzelheiten mit diesem Konzept befassen.

Was wollen SIE mit diesem Geschäft erreichen?

Ich erinnere mich noch gut, dass ich, als ich 1987 mit Network-Marketing anfing, nicht die leiseste Ahnung hatte, was diese Branche mir zu bieten hatte. Ich war nicht in der Lage, mir wirklich vorzustellen, wie das Leben aussehen könnte, wenn ich eine riesige Downline hätte. Napoleon Hill erklärt in seinem Klassiker Denke nach und werde reich: „Was auch immer der Geist des Menschen ersinnen und glauben kann, das kann er auch erreichen." Für viele Menschen ist „Ersinnen" und „Glauben" eine riesige Herausforderung.

Wenn ich mir den Erfolg nicht vorstellen konnte, wie sollte ich meiner Gruppe dann vermitteln, wie Erfolg aussieht?! Und obwohl ich damals von einem teuren Auto träumte, wie hätte ich die notwendigen Glaubenssysteme entwickeln können, um mein Geschäft so auszubauen und ein Einkommen zu erzielen, um mir das zu ermöglichen?

Wie ist das bei Ihnen? Wie ist das bei Ihrer Gruppe? Ist Network-Marketing eine Methode, Produkte und Dienstleistungen zu verkaufen, oder bedeutet es Ihnen mehr?

Vielleicht haben Sie schon mal einige Spitzenverdiener Ihrer Firma persönlich kennen gelernt oder in einem Firmenvideo gesehen. Was wissen diese Menschen, was Sie noch nicht wissen? Was tun sie, was Sie nicht tun? Wie denken sie und Sie nicht? Was macht Ihnen Angst und diesen Menschen nicht? In diesem Handbuch werden wir diese und ähnliche Fragen sorgfältig untersuchen.

Nehmen Sie erneut den Stift zur Hand, denn wir wollen nun feststellen, was Sie sich vom Network-Marketing wünschen.

Wenn Sie der Spitzenverdiener Ihrer Firma wären, und der Firmenchef wollte Ihnen bei einer Konferenz vor 10.000 Leuten einen Preis überreichen, was würden Sie anziehen? (Seien Sie genau: Farbe, Gesamteindruck, Preis usw.) ____

Beschreiben Sie außerdem, welche Uhr, welchen Schmuck, was für Schuhe und Accessoires Sie tragen würden. ____

____

Wenn Sie der Spitzenverdiener in Ihrer Firma wären, was für einen Wagen würden Sie fahren (Jahr, Farbe, Modell)? ____

Wenn Sie der Spitzenverdiener in Ihrer Firma wären, wo würden Sie dann im Sommer wohnen?

____

Wo im Winter?

____

Wenn Sie mit Network-Marketing einen jährlichen Nebenverdienst von € 10.000 erzielen würden, welchen wohltätigen Zweck würden Sie dann unterstützen?

____

Wie hoch müsste Ihr jährlicher Nebenverdienst insgesamt sein, um alle wohltätigen Zwecke befriedigend unterstützen zu können, die Sie am liebsten fördern würden?

____

Wie hoch müsste Ihr monatliches Einkommen aus dem Network-Marketing sein, damit Sie Ihren Job kündigen und sich diesem Geschäft ganz widmen könnten?

____

Wie viel Geld brauchen Sie, um in 3 bis 5 Jahren gänzlich schuldenfrei zu sein?

____

Nennen Sie drei Orte, die Sie in den nächsten drei Jahren gern besuchen wollen:

1. ________________________
2. ________________________
3. ________________________

Haben Sie Bilder von Ihren Zielen und dem, was Sie erleben/erreichen wollen an der Wand in Ihrem Büro, im Terminkalender oder am Kühlschrank? Wenn ja, welche?

____

Wenn Sie den Planeten Erde verlassen, was möchten Sie zukünftigen Generation hinterlassen?

____

Bevor wir fortfahren, möchte ich Sie erneut fragen: Gehören Sie zu den 20%, die aktiv geworden sind und die Fragebögen ausgefüllt haben oder zu den 80 %, die das Ganze höhnisch abtun, mit den Schultern zucken und nicht daran glauben, dass Erfolg Anhaltspunkte hinterlässt?

Kapitel 2

Wie man richtig anfängt

Kapitel 2 – Wie man richtig anfängt

Wenn Sie jemals die Gelegenheit haben, mit der Person zu sprechen, die in Ihrer Firma für den operativen Betrieb verantwortlich ist, dann sollten Sie sich diese Chance nicht entgehen lassen. Das könnte beispielsweise derjenige sein, der für die Beziehungen zu Geschäftspartnern oder für den Kundendienst verantwortlich ist. Bringen Sie in Erfahrung, wie hoch der Verlauf in Ihrer Firma ist.

Wie viele Monate kauft ein Geschäftspartner Firmenprodukte, bevor er aussteigt? Wie viele Personen werden von Geschäftspartnern durchschnittlich gesponsert? Wie viele wurden von Geschäftspartnern, die jährlich etwa € 50.000 verdienen, persönlich gesponsert? Ich bin mir sicher, man kann diesen Fragenkatalog endlos erweitern.

Wer Antworten hat, hat Macht. Hier ein paar interessante statistische Daten meiner 14-jährigen Erfahrung:

- Etwa die Hälfte aller neuen Geschäftspartner geben innerhalb der ersten 30 Tage auf.
- Dreiviertel aller Geschäftspartner geben innerhalb von 90 Tagen nach Zeichnung des Aufnahmevertrags auf.
- Am ersten Jahrestag der Unterschrift hat ein weiterer Teil aufgegeben.
- 8 von 10 Geschäftspartnern sponsern niemals jemanden.
- Und vielleicht am faszinierendsten ist, dass jeder, der jemals einen Provisionsscheck erhalten hat, egal wie hoch, doppelt so lange als aktiver Geschäftspartner tätig blieb wie Leute, die nie einen bekommen haben.

Was können wir diesen Daten entnehmen? Offensichtlich sind neue Geschäftspartner die ersten 90 Tage am verletzlichsten. Jeder – und damit meine ich wirklich jeden – muss am 90. Tag in den Spiegel schauen und prüfen, wo er oder sie steht. Wie können wir ein Modell oder System schaffen, durch das Menschen länger bei unserer Firma bleiben?

Ich bin ein großer Verfechter duplizierbarer Systeme für Anfängertrainings, und zwar in der gesamten Organisation. Blicken wir doch mal auf den Großvater des Network-Marketings: Amway. Die größte Gruppe bei Amway ist die Organisation von Dexter Yager. Wenn Sie sich seinem Team anschließen, bekommen Sie als Teil Ihres Anfängertrainings höchstwahrscheinlich DBR377, Making The List (Die Liste erstellen) von Jim Dornan. Diese Kassette ist 15 Jahre alt! Aber sie enthält das Wissen für alle zukünftigen Generationen. Eine Kassette wird nie müde oder ungeduldig. Sie vermittelt gleich bleibende Information, und zwar auf immer auf die gleiche Weise.

Wenn Ihre Firma kein duplizierbares Anfängertrainingssystem hat, sind Sie letztlich selbst dafür verantwortlich, eins für Ihre Organisation zu schaffen. Prüfen Sie zunächst Ihre Upline. Sie müssen vielleicht viele Generationen aufwärts forschen, bevor Sie eine Führungskraft mit einem soliden Trainingssystem finden. Orientieren Sie sich an demjenigen, der verdient, was Sie verdienen möchten, und arbeiten Sie mit ihm. In jeder Organisation steigt die Sahne ganz nach oben. Wenn Sie beim Sponsern zielorientiert vorgehen, werden auch Sie eine große Ernte einfahren. Aber in einem Vakuum, oder wenn in Ihrer Upline Spitzenkräfte fehlen, müssen SIE das übernehmen, wenn Sie Erfolg haben wollen.

Wo anfangen?

Ich mache die Anfängertrainings mit meinen neuen Leuten am liebsten persönlich und von Angesicht zu Angesicht, wenn ich das irgendwie einrichten kann. Mir ist klar, dass Zeit kostbar ist und dass deshalb das Telefon häufig das Mittel der Wahl ist. Wie dem auch sei, für ein richtiges Anfängertraining braucht man zwei Stunden oder ein wenig länger.

Im Mai 1995 verfasste ich ein 30-seitiges Handbuch mit dem Titel The Road To Gold – A 90 Day Blueprint To Success (Der Weg zum Gold – Ein 90-Tageplan für den Erfolg); es hatte ursprünglich eine Auflage von 100 Stück und war für von mir persönlich gesponserte Leute und meine wichtigsten Führungskräfte gedacht.

Darin enthalten waren die einzelnen Schritte, die neue Geschäftspartner nehmen müssen, was die Verwaltung, Bestellvorgänge, wichtige Werkzeuge, Telefondrehbücher, Einladungen, Präsentationen und Follow-ups betrifft. Wie hat das funktioniert?

Nach 24 Monaten waren 11.000 Kopien des Handbuchs im Umlauf! Mein Einkommen war von ein paar Krümeln auf über $15.000 im Monat gestiegen und 100 Menschen pro Woche schlossen sich meiner Organisation an! Es geschieht Erstaunliches, wenn man ein einfaches, duplizierbares System schafft.

Ganz vorne im ‚Road To Gold'-Handbuch war ein Formular: das Schlauer-Start-Formular. Es war eine Checkliste, die sicherstellte, dass alle Geschäftspartner meiner Organisation auf die gleiche Art und Weise anfingen – nämlich richtig.

Sie finden es auf den nächsten Seiten. Das erleichtert es Ihnen vielleicht, etwas Vergleichbares für Ihre Organisation zu verfassen. Seien Sie kreativ. Berücksichtigen Sie Ihre Firma, die Werkzeuge und Ihr System, sodass alle in Ihrer Organisation auf die gleiche Weise anfangen – nämlich richtig.

Wir halfen dem Betreffenden beim Ausfüllen und ließen es ihn unterschreiben. Auch die Upline unterschrieb, und beide hatten eine Kopie – einen informellen Vertrag. Zum Abschluss wurden die Hände geschüttelt und die Partnerschaft besiegelt, und man versicherte einander, dass man sich durch dick und dünn unterstützen würde.

Die psychologische Wirkung war, dass der neue Geschäftspartner länger durchhielt, wenn es schwieriger wurde, er es mit Ablehnung zu tun bekam und womöglich ans Aufgeben dachte. Unterschätzen Sie niemals die Macht einer Selbstverpflichtung!

Der ‚Schlaue Start'- Geschäftsplan

Name ______________________ Sponsor ___________________ Upline __________________

Telefon _____________________ Telefon ___________________ Telefon _________________

Dieser Geschäftsplan wurde geschaffen, um Ihnen zum Erfolg zu verhelfen – und er funktioniert hervorragend! Jede Reise braucht einen Reiseplan. Wenn Sie ihn vollständig ausgefüllt haben, ist dieses Formular Ihr Geschäftsplan: die Landkarte, die Ihnen einen Schnellstart auf die Autobahn zum ERFOLG zeigt.

1. Erwerben Sie einen Neuer Geschäftspartner Kit von Ihrem Sponsor oder dem Hauptquartier.

2. Füllen Sie den Aufnahmeantrag für Neue Geschäftspartner aus. Faxen Sie ihn an 800-555-5555

3. Legen Sie ein paar Ziele fest:

Wie viel werden Sie verdienen?

In 60 Tagen _________________________ in 6 Monaten ________________________

in einem Jahr _______________________ in 3 bis 5 Jahren _____________________

4. Füllen Sie den {Network-Marketing-} Voice-Mail-Antrag aus. Schicken Sie ihn an Ihre Telefongesellschaft.

5. Erstellen Sie eine Master-Liste (100+Namen), diese hat wesentliche Bedeutung.

6. Planen Sie Ihre erste persönliche Präsentation bei Ihnen zuhause.

________________________ (Datum)

________________________ Ort

7. Legen Sie in Ihrem Terminplaner die wöchentlichen 10 Stunden fürs Network-Marketing fest.

8. Organisieren Sie für folgende fünf Personen gemeinsam mit Ihrem Sponsor eine persönliche Präsentation:

Name:	Telefon:

9. Wann werden Sie an Ihrem ersten Training teilnehmen?

Datum ____________________

Ort ________________________

Man kann seine Chancen im Network-Marketing schlecht nutzen, ohne genügend Produkte auf Lager zu haben. Werden Sie erstens Experte, indem Sie diese Produkte nutzen, sie verstehen und davon überzeugt sind.

Nutzen Sie diese Produkte zweitens für Präsentationen und zum Verkauf. Zeigen Sie Ihren potenziellen Geschäftspartnern drittens den Wert unserer Produkte, indem Sie ihnen eine Produktprobe zum Test überlassen.

10. Prüfen Sie die Bestelloptionen der Produkte (siehe Schnellstart-Formular). Um mein Geschäft gut aufzubauen, brauche ich:

a) Produkte: 1 Geschäftsaufbaupaket **ODER** 3 Geschäftsaufbaupakete, Automatisches Versandprogramm

b) Verkaufswerkzeuge wie z. B.:

____ Sponsor Audio
____ Produktbroschüren
____ Produkttester
____ Firmenzeitschrift
____ Sponsor Videos

11. Füllen Sie das Schnellstart-Formular aus. Faxen Sie es ans Hauptquartier, und schicken Sie außerdem eine unterschriebene Kopie per Post dorthin.

12. Geben Sie Ihrem Sponsor, der Ihnen bei Ihrem Erfolg hilft, den ausgefüllten, Schlauer-Start'-Geschäftsplan.

Ich verpflichte mich, meine persönliche Gesundheit jeden Tag eine Viertelstunde lang mit den Produkten zu fördern.
Mir ist bewusst, dass ich mich weiterbilden muss, wenn ich mehr Geld verdienen möchte. Um ein

erfolgreiches Geschäft aufzubauen und anderen Menschen zu helfen, werde ich anderen die Produkte und das Angebot mit Ausdauer unterbreiten.

Ich übernehme die Verantwortung für meinen Erfolg, indem ich den Plan, den ich hier ausgefüllt habe, in die Tat umsetze. Ich verpflichte mich mir selbst und meiner Upline gegenüber, erfolgreich zu sein. „Gut, besser, am besten – ich werde nie ruhen, bis was gut ist, besser geworden, und was besser ist, zum Besten geworden ist."

Unterschrift des Geschäftspartners ________________________ Datum ___________

Unterschrift des Sponsors _______________________________ Datum ___________

Als wir dieses Formular einsetzten, ist mir besonders aufgefallen, wie sehr es die Bereitschaft der Menschen förderte, Zeit und Geld in wichtige Rekrutierungs- und Trainingsinstrumente zu investieren und ausreichend Produkte und Proben auf Lager zu nehmen. Wir sollten realistisch sein: Network-Marketing ist ein hartes Geschäft, und es ist noch schwieriger, wenn man beim Aufbau nicht über genügend Werkzeuge und Produkte verfügt. Ich habe gesehen, wie Anfänger ihre Kumpel rekrutierten und dieses Formular benutzten, um sie auf die richtige Spur zu bringen. In Downlines, in denen dieses Formular nicht benutzt wurde, herrschte das reinste Chaos. Die Leute bekamen keine Werkzeuge, hatten keine Anrufbeantworter, kein automatisches Versandsystem, und es wurde Schrott statt Erfolg dupliziert.

Ich bin davon überzeugt, dass ein Formular wie das obige Ihre Organisation wirklich voranbringen kann. Nehmen Sie jetzt ein Papier zur Hand, und investieren Sie 20 Minuten in einen ersten Entwurf.

Die Liste – „O Gott, nein! Bitte nicht die Liste!"

Mit wie vielen Network-Marketing-Firmen hatten Sie es bisher zu tun? Falls Sie bisher nur mit einer einzigen zusammengearbeitet haben, reagieren Sie nicht wie ein ausgebrannter, rostiger Network-Marketing-Junkie auf „Die Liste!". Ich habe mit Altgedienten dieser Branche gearbeitet, die schwören, dass jeder, der sie kommen sieht, die Straßenseite wechselt und vor ihnen davonrennt. Sie sind völlig unglaubwürdig geworden. Raten Sie mal, was ich mit diesen Leuten tue?

Das Gleiche, was ich mit einem unverdorbenen, brandneuen Network-Marketer mache. Ich arbeite mit ihnen an einer Liste von den 100+ Menschen, die sie kennen. Bedenken Sie, es geht hier darum, Fundamentales zu duplizieren.

Jeder, der sich aufs Network-Marketing einlässt, braucht eine Datenbank mit potenziellen Geschäftspartnern. Menschen, die „es verstehen", wissen, welcher Reichtum darin steckt. Wenn ich Network-Marketer bitte, mir ihre Liste zu zeigen, und sie tippen auf die Stirn und sagen, sie sei dort drinnen abgespeichert, dann weiß ich, dass ich es mit Narren zu tun habe, die es in diesem Geschäft nie zu etwas bringen werden.

Ich erinnere mich noch gut, wie sehr einer meiner „Lehrer" mir dieses Konzept eingebläut hat. Jeder Name auf Ihrer Liste ist bei gutem Marketing zwischen € 20 und € 50 im Jahr wert. Die Datenbank ist ein Lagerhaus voller Gold – buchstäblich. Das Problem ist nur, dass die wenigsten Leute das wissen, oder schlimmer noch: Sie wissen nicht, wie man dieses Gold schürft.

Hier ist mein millionenschwerer Ratschlag: Beschaffen Sie sich ein Computerprogramm, beispielsweise Microsoft Outlook oder Access, oder einen Palmpilot oder Karteikarten, und bauen Sie diese Liste Ihr Leben lang aus. Entwickeln Sie die Disziplin, anhand dieser Liste Marketing und Follow-up zu betreiben.

Das eigentliche Geld steckt im Follow-up. Ich bin ein recht guter Rekrutierer und habe in meiner Laufbahn bisher über 300 Leute persönlich gesponsert. Wie viele haben wohl, Ihrer Meinung nach, nach dem ersten Anruf unterschrieben? Oder nach dem zweiten? Oder dem dritten bis zehnten? Oder nach dem vierteljährlichen Newsletter? Oder nach der alljährlichen Weihnachtskarte?

Frage: Wie häufig kontaktieren Sie die Leute auf Ihrer Liste?

Tipp: Lesen Sie Harvey MacKays Buch Schwimm mit den Haien, ohne gefressen zu werden – ein ausgezeichnetes Handbuch, wie man das Netz seiner Beziehungen und Follow-ups benutzt.

(Sie erinnern sich: 80 % aller Käufer werden es nicht lesen...)

Zurück zum neuen Geschäftspartner und seiner Kontaktliste mit 100 Namen: Weshalb machen wir überhaupt so eine Liste? Es gibt zahllose Gründe. Der neue Geschäftspartner hat hoffentlich Einfluss bei einigen Menschen auf dieser Liste und gilt als glaubwürdig, was die Wahrscheinlichkeit steigert, sie für sein Team rekrutieren zu können. Die Familie und Freunde haben wahrscheinlich Sympathie für seine unternehmerischen Aktivitäten und möchten ihn unterstützen und kaufen deshalb Produkte von ihm. Dadurch hat er erste Ergebnisse und Erfolge, die sehr wesentlich sind für das Vertrauen in die Möglichkeiten des Network-Marketings.

Eine Liste zu erstellen, erzeugt Disziplin und Konzentration. Network-Marketing ist im Wesentlichen auch ein Geschäft, in dem man sortiert und aussiebt und weit weniger eins, bei dem man andere überzeugt und ihnen etwas verkauft. Bei einer langen Liste wird der Neuling schon bald jene 4 von 50 Menschen finden, die hier und heute bereit sind, sich einzulassen - und die aktiv nach einer Chance suchen.

Die Liste mit 100 oder mehr Namen ist natürlich nur der erste Schritt. Erinnern Sie sich noch an das Gold? Diese Liste MUSS durch Weiterempfehlungen, neue Kontakte und Ähnliches weiter wachsen. Trainieren Sie Ihre Leute, ihre anfängliche Liste im ersten Jahr mindestens zu verdoppeln. Diskutieren Sie kreative Mittel und Wege, wie man das macht. Handelskammern, Organisationen und Clubs, Frühstücks-Clubs usw. sind hervorragende Mittel, dem introvertierten und scheuen Neuling zu helfen, neue Leute zu treffen und die vitalen Umgangsformen zu entwickeln, die man für den Erfolg in diesem Geschäft braucht.

„Ich möchte aber nicht mit meinen Freunden und Familienmitgliedern sprechen…“

Ich habe noch nie jemanden aus meiner Liste gelöscht, weil er das sagte, aber meine Geduld wurde bisweilen ziemlich strapaziert. Dieser pathetische Satz hat mich allerdings schon häufig aufgeregt. Was für ein Schwächezeugnis. Es ist, als sagte so jemand: „Ich bin ein Schwächling, und niemand würde mir glauben. Ich glaube nicht an mich und auch nicht ans Network-Marketing. Ich glaube nicht an unsere Produkte. Wechseln Sie mir bitte die Windeln.“ Was also tun in einem solchen Fall? Sagen Sie einfach: „Armer, kleiner Networker. Das ist schon in Ordnung. Werde bloß keine Führungskraft, und arbeite bloß nicht an dir und deinem Selbstvertrauen. Verstecke dich unter meinen Rockschößen, und lass mich ein paar Anzeigen für dich schalten...“

Sie werden mit einer mangelhaften Überzeugung konfrontiert. So jemand wird innerhalb des ersten Viertel- oder Halbjahres ganz sicher scheitern, wenn Sie ihm erlauben, den „leichten Weg“ zu nehmen. Die einzige Hoffnung auf Erfolg für solche Menschen ist ein rigoroses, persönliches Entwicklungsprogramm, bei dem sie intensiv an sich und ihren Überzeugungen arbeiten. Später befassen wir uns näher mit diesem Thema.

Mal angenommen, Sie haben einen neuen Geschäftspartner gesponsert. Was würden Sie tun, wenn Sie wüssten, dass Sie an jeder Person auf seiner Liste € 50 im Jahr verdienen würden? Würden Sie ein Stunde investieren, um gemeinsam mit ihm daran zu arbeiten und seinem Gedächtnis auf die Sprünge helfen, damit er eine lange Liste erstellt? Würden Sie ihm beibringen, wie man kontinuierlich Weiterempfehlungen bekommt und seine Liste ausbaut? Was würden solche Aktivitäten für Ihren Provisionsscheck bedeuten?

Hier mein Rat in Bezug auf Menschen, die Sie persönlich sponsern:

- Erstellen Sie gemeinsam mit ihnen eine Liste von mindestens 100 Leuten, die sie mit

Vornamen kennen, oder die sich in den ersten 20 Sekunden eines Telefonats an sie erinnern werden.

- Bringen Sie ihnen bei, diese Liste wöchentlich mit mindestens 2 bis 3 Namen zu erweitern – sodass diese Liste nach 2 Jahren mindestens 500 Namen enthält.
- Ermutigen Sie sie, mit allen auf der Liste mindestens 6-mal im Jahr zu kommunizieren, bis diese Menschen einsteigen, sterben oder wegziehen.

Und übrigens: Lassen Sie Ihre Neulinge einen Schwur leisten, mit niemandem über das Geschäft zu reden, bis Sie sie trainiert haben. Ich habe selbst gesehen, wie viel Schaden ein begeisterter Neuling anrichten kann, wenn er das Feuer seiner Begeisterung auf Familienmitglieder und Bekannte richtet.
Als ich mich im Februar 1987 der ersten Network-Marketing-Firma angeschlossen hatte und von einem Chancen-Meeting nach Hause kam, war ich mir sicher, schon bald Millionär zu sein. Ich wohnte in einem Studentenheim auf dem Campus der Universität von Toronto. Ich trommelte 15 Kumpel in meiner engen Behausung zusammen. Ich hatte weder Produkte gekauft noch ein Aufnahmeformular unterschrieben! Ich quatschte über den Provisionsplan und die Produkte – und mein Geschwätz war total daneben. Kein Wunder, denn ich hatte weder das Training, noch die Werkzeuge, noch die leiseste Ahnung, was ich da tat. Wie Sie sich vorstellen können, wurde ich gnadenlos niedergemacht. Ein Pharma-Student sagte mir, die Firma verkaufe illegale Drogen, und ein Student der Ingenieurwissenschaft sagte, es handele sich um ein illegales Pyramidensystem. Ich sagte, sie sollten alle zur Hölle fahren – und ich würde in 9 Monaten Porsche fahren. Das war das Ende meiner Glaubwürdigkeit. Die nächsten 90 Tage waren fürchterlich. Man lachte mich buchstäblich in aller Öffentlichkeit aus. Es ging mir dreckig. Aber 11 Jahre später war ich Millionär…

Wir haben einen Plan und eine Liste… - was jetzt?

Initiieren Sie eine konzentrierte Aktion. Das ist die wichtigste Erfolgskonstante und das größte Erfolgsgeheimnis. Wollen Sie wirklich Erfolg haben? Ich meine echten, konkreten Erfolg? Dann müssen Sie genau beherrschen, wie man eine konzentrierte Aktion initiiert.

Wie soll ich das beschreiben? Zurück zum Beispiel mit dem neuen Geschäftspartner. Sie trinken am Küchentisch eines wundervollen Ehepaars, das Sie persönlich sponsern, und trinken eine Tasse Kaffee oder Kräutertee. Sie haben mit ihnen einen Plan – wie das obige Schlauer-Start-Formular – gemacht und eine Kontaktliste von 100 oder mehr Namen erstellt. Was jetzt? Die beiden schauen Sie an. Jetzt ist der Moment, sie anzustrahlen, Ihre Führungsqualität zu beweisen und eine konzentrierte Aktion zu initiieren.

Auf dem Schlauer-Start-Formular haben wir eine kleine Liste von den 5 wichtigsten Kontakten und außerdem eine erste Präsentation innerhalb der nächsten 10 Tage eingeplant. Weshalb machen wir das, und welche Ergebnisse können wir dabei erwarten?

Das verschafft ihnen einen konzentrierten Startpunkt. Das ist wesentlich! Die Neulinge tasten sich noch vor, und manchmal haben sie sogar ein wenig Angst. Als ihr Sponsor müssen Sie ihnen helfen, die Sache in Bewegung zu setzen. Genau darum geht es, wenn man eine konzentrierte Aktion initiiert. Meine Empfehlung? Geben Sie dem Neuling das Telefon in die Hand, nippen Sie an Ihrem Kaffee…, und beobachten Sie die Reaktion.

Der Neuling wird ein Gesicht machen, als würde er im Stillen schreien: „Ich soll tatsächlich jemanden anrufen?!" Die meisten werden kaum ein Wort sagen oder irgendetwas stottern und ins Schwitzen kommen. Hervorragend! Diese mit Adrenalin geschwängerte Reaktion wird sich mit der Erfahrung im Laufe der Zeit legen. Und Sie werden sich daran erinnern, wie es war, ein blutiger Anfänger zu sein.

Aber lassen Sie den Neuling nicht wählen! Das wäre, als würden Sie Ihrem neuen Geschäftspartner ein paar große Steaks umbinden und ihn vor die Wölfe werfen. Bevor Sie Neulinge telefonieren lassen, müssen Sie ein wenig Zeit in Rollenspiele investieren und ein gutes Drehbuch entwickeln, bei dem sie sich wohl fühlen. Wir werden uns später genauer damit befassen.

Nun geht es bei einem ersten Training immer ein wenig um Zeitmanagement. Für 8 von 10 Menschen ist das ein heißes Eisen, und es hindert viele Networker daran, jemals durchzustarten. Unsere Gesellschaft leidet an chronischem Zeitmangel und ist schlecht organisiert. Die Menschen reagieren nur und können Wichtiges nicht von Unwichtigem trennen. Bei vielen Familien beschränkt sich das Zeitmanagement auf ein schwarzes Brett oder einen Zettel am Kühlschrank. Zu Ihren Pflichten als Upline gehört es, Ihrer Organisation Zeitmanagement beizubringen.

Ein Terminplaner ist absolute Pflicht für jeden, der jemals persönlich mit mir gearbeitet hat. Ich empfehle Ihnen das Gleiche, egal ob es sich um Ihre Elite-Einheit handelt oder nicht, und egal ob die Leute einen Palm-Pilot oder einen gewöhnlichen Terminkalender aus Papier verwenden.

Vielleicht bietet die Firma, mit der Sie zusammenarbeiten, einen Tagesplaner zum Starter-Kit. Ich habe mal einen Mann gesponsert, dem eine Autoreparaturwerkstatt gehörte. Er verschenkte seinen Firmenkalender (auf dem spärlich bekleidete Damen auf Autos drapiert waren) an seine Neulinge. Wie dem auch sei, Sie müssen gemeinsam mit Ihrem neuen Geschäftspartner die ersten 90 Tage planen.

Ich benutze Filzstifte in drei Farben. Als erstes Rot. Ich lasse den Neuling jede Sekunde durchstreichen, in der er NICHT fürs Network-Marketing arbeiten kann. Arbeit, Kirchenbesuch, Zeit mit der Familie etc. Dann planen wir in blau alle Konferenzschaltungen, Trainings und die Briefings, an denen er teilnehmen sollte. Und schließlich blockieren wir 10 Stunden wöchentlich für die Präsentationen vor potenziellen Geschäftspartnern.

Sie werden staunen, wie viel Zeit jemand, der anfänglich behauptet hat, er hätte keine, wirklich hat! Im Kapitel über Follow-up werde ich Ihnen einige fantastische Ideen präsentieren, wie man den Vorwand „keine Zeit“ erfolgreich eliminiert. Stellen Sie sich vor, Sie hören von potenziellen Geschäftspartnern nie wieder den Satz: „Ich habe keine Zeit!“

Zusammenfassung:

- 3 von 4 Leuten, die das Network-Marketing wieder verlassen, tun dies innerhalb der ersten 90 Tage.
- Ein solides, leicht duplizierbares Anfängertrainingssystem fördert den Verbleib von Geschäftspartnern.
- Wenn Ihre Firma oder Upline nicht über ein Anfängertrainingssystem verfügt, müssen Sie eins schaffen.
- Ein duplizierbares Anfängertrainingssystem sorgt dafür, dass alle Neulinge auf die gleiche Weise loslegen können – die richtige!
- Jeder neue Geschäftspartner muss eine Liste potenzieller Geschäftspartner erstellen und sie kontinuierlich ausbauen.
- Jeder neue Geschäftspartner sollte dazu angehalten werden, keine Leute zu kontaktieren, bevor er das entsprechende Training und ein gutes Drehbuch hat.
- Sie müssen das Prinzip meistern, wie man eine konzentrierte Aktion initiiert.
- Zeitmanagement und ein Terminplaner sind wesentlich für den Erfolg.

Im nächsten Kapitel werden wir uns mit einem Rotationssystem in 5 Schritten befassen, das die Duplizierungsgeschwindigkeit Ihrer Organisation bestimmt. Wir nennen es den subatomaren Kreislauf des Network-Marketings.

„Die Duplizierungsgeschwindigkeit einer Organisation erhöht sich proportional zur Unkompliziertheit des Umfeldes."
– David Ledoux

Notizen

Kapitel 3

Der subatomare Kreislauf des Network-Marketings

Kapitel 3
Der subatomare Kreislauf des Network-Marketings

Manchmal gerate ich in einen kreativen Fluss, einen trance-ähnlichen Bewusstseinsstrom, bei dem mir profunde Goldklumpen aus dem Mund purzeln. Ich erläuterte das nachfolgende Konzept einmal einer Blue-Diamond-Vertreterin von Nuskin: Die Kinnlade klappte ihr runter, und sie krallte sich sofort einen Stift und notierte meine Worte.

Es wird nur selten über die Entwicklungsges chwindigkeit von Organisationen gesprochen. Vielleicht liegt es an meinem wissenschaftlichen Hintergrund, dass ich mich dafür interessiere.

Die meisten Networker haben ihre Downlines nicht genau genug im Auge und wissen daher nicht, ob sie gerade wachsen oder schrumpfen, und schon gar nicht, ob die Geschwindigkeit des Wachstums (oder der Schrumpfung) zu- oder abnimmt.

Bei Ihnen wird das jedoch anders sein. Sie lernen, studieren, handeln, bilden andere aus und meistern die Dinge: Das ist Ihr Weg.

Bei diesem Konzept ist „Umfeld" ein Schlüsselwort. Es umfasst die komplexen Beziehungen zwischen dutzenden Faktoren, von denen viele sich außerhalb der Kontrolle des durchschnittlichen Networkers befinden. In diesem Kapitel werden wir uns mit jenen Faktoren befassen, die man in den Griff bekommen kann.

Schlüsselfaktor – K.I.S.S. (keep it simple and stupid) **- schlicht und einfach.**

Mal angenommen, Sie arbeiten mit einer Firma zusammen, die 15 verschiedene Nahrungsergänzungsmittel verkauft. Derzeit eine sehr populäre Branche. So eine breite Produktpalette kann für oder gegen einen arbeiten. Es ist daher ganz wesentlich, WIE Sie anderen dieses Geschäft präsentieren. Ich wiederhole: Das hat überragende Bedeutung!

Drehbuch 1: Der neue Geschäftspartner bekommt ein eher dürftiges Starttraining: „Hier ist dein Starter-Kit. Viel Glück! Wir sehen uns Donnerstag beim Meeting. Bringen Sie einen Gast mit. Und jetzt: Machen Sie sich ran!"

Er hat gerade € 500 für eine riesige Kiste investiert, in der 15 verschiedene Sorten Pillen und jede Menge Produktbroschüren, Kataloge und ein Handbuch mit der Firmenpolitik, Informationen über den Firmengründer, Bilder vom Hauptquartier, Bilder von den Wissenschaftlern, Ärzten und kranken Menschen, die von den Pillen geheilt wurden, enthalten sind und ein ganz kurzes Kapitel darüber, wie man die Produkte an den Mann bringt.

Hier der innere Dialog des armen, verwirrten, neuen Geschäftspartners: „Wo soll ich bloß anfangen? Am besten erst mal herausfinden, wie die Sachen wirken. Da ich jetzt Vitaminverkäufer bin, sollte ich wohl alles über meine Produkte wissen.

Ich kaufe mir ein paar Bücher über Ernährung und studiere den Inhalt der Kiste ganz genau. Tante Martha hat Asthma, und Onkel Fritz hat Gicht. Vielleicht können unsere Produkte ihnen helfen. Ich kann sie jetzt noch nicht anrufen, aber wenn ich diese Produkte genau kenne, mache ich das. Ach ja, und der magere Arbeitskollege – wie hieß er noch? – war letztes Jahr in einer Pyramide. Ich werde ihn anrufen und fragen, ob er Interesse hat. O je, ich muss noch eine Menge lernen. Es bringt nichts, wenn ich heute Abend noch anfange; aber morgen lege ich los. Wahnsinn, wie groß diese Pillen sind! Ich frage mich, wie viele ich davon täglich nehmen soll. Meine Frau bringt mich um! Es klingt irgendwie ja ganz einfach.

Ich weiß nicht…“

Dieses Drehbuch wird leider nur allzu häufig inszeniert. Es ist verheerend. Ist es da ein Wunder, dass 3 von 4 Anfängern das Network-Marketing innerhalb der ersten 90 Tage wieder verlassen?

Drehbuch 2: Ed, der Experte der Upline, sponsert Nelson, den neuen Geschäftspartner. Ed besucht gerade Nelson und sitzt an dessen Küchentisch, an dem auch Nelsons Frau Platz genommen hat. Ed verwendet ein wenig Zeit darauf, warm zu werden. Er gratuliert ihnen zu ihrer weisen Entscheidung. Er versichert ihnen, dass er sie bei allen Schritten unterstützen wird und dass sie in 6 bis 9 Monaten genügend Geld zusammenhaben werden, um die Privatschule für ihren Sohn Jimmy zu bezahlen – Ed weiß, dass dies der wichtigste Grund ist, weshalb sie sich fürs Network-Marketing entschieden haben. Ed deckte diesen Grund auf, als der die beiden rekrutierte. (Mehr dazu in einem späteren Kapitel…)

Ed öffnet den Starter-Kit gemeinsam mit Nelson und Mary. Er nimmt sich viel Zeit, den Inhalt in verschiedene Stapel zu verteilen: „Das ist die Produktinformation, das die Broschüren und Kataloge. Aber damit brauchen Sie sich die ersten paar Monate gar nicht zu befassen. Statt über Inhaltsstoffe zu reden, erzählen Sie potenziellen Kunden und Geschäftspartnern, was diese Produkte bei anderen bewirkt haben, und was die Kunden davon halten. Es ist nicht notwendig, zum Pharma-Experten zu werden oder etwas Ähnlichem. Es reicht, wenn die Wissenschaftler und die Leute, die damit ein riesiges Geschäft aufbauen wollen, alle Einzelheiten über die Produkte kennen.

In diesem Stapel liegen die Informationen zur Firmenpolitik und die Verfahrensweisen, der ganze technische Kram. Damit können Sie sich später befassen, denn für den Aufbau einer Downline muss man das nicht wissen.

In diesem Stapel liegen die Geschichten von Kunden: Klempner, Teppichleger, Armeeangehörige, Hausfrauen, Studenten, Sekretärinnen und ehemalige Lastwagenfahrer, die diesem Geschäft zum Erfolg verhelfen. Manche von ihnen verdienen damit ganz nebenbei € 1000 im Monat und manche sogar an einem Tag! Mit diesen Geschichten sollten Sie sich befassen und sie weitererzählen, bis Sie eine eigene Geschichte erzählen können. Ich werde Ihnen dabei helfen, drei Geschichten zu entwickeln: Die Geschichte Ihrer Upline, die Ihrer Produkte und die Ihres Geschäfts. In diesem Stapel liegen auch Geschichten von zufriedenen Kunden, die die Produkte erfolgreich benutzt haben. Die sind äußerst wertvoll beim Aufbau Ihres Geschäfts. Bedenken Sie immer: Inhaltsstoffe sind nur Fakten, aber man verkauft mit Geschichten.

Diese Kiste ist Ihr Inventar für den Anfang. Statt Ihnen von allen 15 Produkten eine Probe mitzubringen, habe ich mich bei Ihnen für einen schlaueren Ansatz entschieden. Wir haben ein wichtiges Kernprodukt, das wir Monster-Paket nennen oder offizieller das „Neue Kunden Akquise Hauptprodukt Neue-Kunden-Akquise-Hauptprodukt“. Ich wünsche mir, dass Sie beide die nächsten 30 Tage dieses Produkt nehmen, morgens und abends jeweils 2 Pillen. Ich habe das zur Sicherheit noch mal auf die Lasche geschrieben. Damit haben Sie noch 4 weitere Monster-Pakete auf Lager.

In den nächsten 45 Tagen werden wir gemeinsam 15 bis 20 Präsentationen machen, um etwa 3 bis 4 andere zu finden, die auch solch ein Geschäft aufbauen wollen. Dabei werden wir natürlich auch einige Kunden akquirieren. Denen können Sie die Monster-Pakete aus dem Inventar zu Einzelhandelspreisen verkaufen, wodurch Sie einen Gewinn einstreichen, den Sie wieder ins Geschäft investieren können. So brauchen Sie nur etwas über ein Produkt zu wissen, statt sich ewig lang mit 15 unterschiedlichen Produkten befassen zu müssen.

Lasst uns also mit dem Starttraining loslegen. Als Erstes werden wir gemeinsam den Schlauer-Start-Geschäftsplan ausfüllen und sichergehen, dass wir nichts vergessen. Wir werden uns dabei ein paar Ziele setzen, eine Liste von hundert potenziellen Geschäftspartnern erstellen und Termine für unsere ersten 5 Präsentationen bei Menschen zu Hause festlegen. Das Ganze wird etwa 90 Minuten dauern. Trinken wir also noch eine Tasse Tee- und legen wir los…"

***

Nun denn: Welches der beiden Drehbücher ist besser? Welches gibt Neulingen in dieser Branche zumindest eine gute Chance? Welches Drehbuch hat Ihre Upline bei Ihnen benutzt? Sind Sie ein erstklassiger Sponsor oder ein indifferenter „Machen Sie sich ran"-Sponsor?

Erinnern Sie sich an das Konzept des schlichten Umfeldes? Als erstklassiger Sponsor blockieren Sie eine Menge Chaos und Verwirrung und Zweifel, die den Anfänger in diesem Geschäft bremsen können. Sie demonstrieren, was es heißt, eine konzentrierte Aktion zu initiieren.

Erinnern Sie sich an den Titel dieses Kapitels: „Der subatomare Kreislauf des Network-Marketings"? Ich weiß nicht, ob Sie in der Schule Physik und Chemie hatten. Ich habe es erdulden müssen. Erinnern Sie sich noch daran, dass Elektronen den Atomkern aus Protonen, Neutronen und solche eigenartigen Sachen wie Quarks, Muonen und ähnliche umkreisen? Vielleicht nicht mehr so genau. Aber Sie sind sicher meiner Meinung, dass fast alles auf der atomaren Ebene aus einer Reihe äußerst strukturierter Gesetze oder Prozesse besteht. Diese subatomaren Gesetze haben einen unermesslichen Einfluss auf die Welt, die wir Tag für Tag erleben.

Können wir ähnliche Prozesse finden, die auf der Mikro-Ebene das Ergebnis unserer Network-Marketing-Bemühungen festlegen? Welche Kreisläufe beherrschen die subatomare Welt des Network-Marketings?

Auf der Ebene der Rekrutierungen gibt es einen Kreislauf in 5 Schritten, den ich meinen Neulingen beibringe, und zwar wie folgt:

- Die Liste
- Mit genau geklärter Absicht kontaktieren und einladen
- Zeige den Plan, und starte den Prozess
- Follow-up bis es erledigt ist
- Das Starttraining

Letztlich bestimmt dieser Kreislauf in 5 Schritten die Duplizierungsgeschwindigkeit Ihrer gesamten Organisation. Je schneller diese Reihe komplettiert wird, desto schneller wächst die Gruppe. Je schlichter das Umfeld bei jedem Schritt gestaltet ist, desto schneller wächst die Gruppe. Je einfacher und effizienter Ihr Trainingssystem ist, mit dem Sie die Kompetenz und Fähigkeiten bei den einzelnen Schritten steigern, desto schneller wächst Ihre Gruppe. Je genauer das alles von jeder neuen Generation dupliziert wird, desto schneller wächst Ihre Gruppe.

Dies ist die vielleicht wichtigste technische Information für den Aufbau einer riesigen Organisation, die ich Ihnen bringen kann: Gewusst-wie! Wir wollen uns nun mit den einzelnen Schritten befassen, ihre Bedeutung genau analysieren und Strategien entwickeln, wie Sie sie in Ihrer Organisation implementieren können.

Schritt 1 Die Liste

Je länger die Master-Liste, desto leichter erscheint der Rekrutierungsprozess neuen Geschäftspartnern psychologisch. Hat man nur 10 Namen, und die ersten 5 sagen „Nein!", hat man schon die Hälfte seiner Möglichkeiten aufgebraucht. Hat man 200 Namen, ist das jedoch nur ein Tropfen auf einem heißen Stein.

Achtung! Wenn Sie Neulinge nach Hause schicken und sie ihre Liste auf sich gestellt erstellen lassen, werden sie scheitern. Die Liste wird nie die gewünschte Länge bekommen. Sie müssen die Liste gemeinsam mit den Leuten erstellen und dabei allerlei Gedächtnisstützen benutzen, wie die Gelben Seiten und Ähnliches. Die neuen Geschäftspartner müssen wissen, dass es neben dem warmen Markt auch um lauwarme Zufallsbekanntschaften geht.

Ich empfehle, dass Sie eine Kopie der Liste Ihrer Leute an sich nehmen. Dieser Wunsch stößt gelegentlich auf Widerstand. Erklären Sie, dass Sie nicht die Namen stehlen wollen, sondern diese Menschen gemeinsam mit ihnen in einer Konferenzschaltung anrufen oder bei einer 2-zu-1-Präsentation dabei sein wollen.

Mein altes Handbuch „Der Weg zum Gold“ enthielt zu diesem Zweck ein Durchschlagformular für die Master-Liste, wobei die neuen Geschäftspartner das weiße Original behielten und mir den gelben Durchschlag gaben. Damit war ich immer auf dem Laufenden. Ich kann die Listen der Leute, die sich uns anschlossen und schließlich aufgegeben haben, in meinen Ordnern gar nicht mehr zählen. Falls ich mich jemals langweilen sollte, kann ich ja ein paar davon anrufen.

Hier eine wahre Geschichte. Ich habe im Dezember 1994 einen Mann gesponsert, der im Januar 1995 kapitulierte. Er war noch an 4 weiteren Programmen beteiligt. Er weigerte sich, mir eine Liste zu geben; de facto habe ich lediglich 6 Namen von ihm bekommen. Aber als er aufgegeben hatte, rief ich die 6 Leute an und sponserte 2 davon. Einer davon führte mich zu einer hervorragenden Spitzenkraft.

Etwa 5 Jahre später veranstaltete ich ein offenes Meeting, an dem auch viele Crosslines teilnahmen. Nach dem Schnellstarttraining kam eine Dame zu mir. Sie verdiente Millionen in einer großen Immobilienfirma. Sie hatte gesehen, wie ich meine Gruppe skizzierte und den Leuten erklärte, wer die einzelnen Leute waren und wie sie mich zu meinen Spitzenverdienern geführt hatten.

Sie zeigte auf eine bestimmte Stelle meines Organigramms und fragte nach dem Namen des Mannes, den ich weiter oben erwähnt habe. Ich gab ihn ihr und sie war schockiert. Sie kannte ihn ganz gut, und war seit Jahren auf der Suche nach einer Chance für einen guten Nebenverdienst. Und jetzt war sie hier, 5 Jahre später in der Gruppe von jemand anderem. Die Dame war klug. Ich wusste, wenn er sie gesponsert hätte, hätte er in meinem Programm lebenslang € 52.000 jährlich verdienen können, und ich hätte eine zusätzliche Hauptstütze in meiner Organisation.

Hier ist noch eine wahre Geschichte. Im Juni 1995 befand ich mich im Hauptquartier meiner Network-Marketing-Firma. Ich lief über die Flure und stieß mit einem Mann zusammen. Wir entschuldigten uns und sahen uns dann erst richtig an. Mir wurde übel: Er war die Nummer 82 auf meiner Liste. Er wohnte in einer Nachbarprovinz, und ich hatte gedacht, ich hätte noch jede Menge Zeit, ihn zu kontaktieren. Sechs Monate waren vergangen, und jemand anderer hatte ihn rekrutiert, bevor ich ihn anrufen konnte.

Heute hat er über 10.000 Leute in seiner Downline. Mir war eine weitere Stütze entgangen, die mir einen Jahresumsatz von 2 Millionen gebracht hätte. Jedes Mal, wenn ich ihn sehe, wird mir ganz schwummerig. Die Person, die mir durch die Lappen gegangen ist....

Und so erkläre ich den Neulingen diesen Prozess: Entweder findet ihr eure zukünftigen Spitzenleute, oder jemand anderer rekrutiert sie euch vor der Nase weg...

Schritt 2 Mit genau geklärter Absicht kontaktieren und einladen

Angst.
Noch mehr Angst.

Sie wissen schon, dieses Gefühl, das an den Eingeweiden nagt. Sie geraten ins Schwitzen: Tropfen laufen unter dem Einfluss der Schwerkraft von den Handflächen, der Oberlippe, der Stirn. Unstete, fast irrationale Filmbilder vor dem geistigen Auge. Unsere Gedanken überschlagen sich und bestätigen unsere Ängste und Zweifel. Der Telefonhörer verspottet uns, und Gelächter geistert durch mentale Wolken. Die Gesetze der Physik gelten scheinbar nicht mehr, weil der Hörer Tonnen wiegt und sich einfach nicht abheben lässt. „Ich kann's nicht", murmeln Sie. „Ich wurde einfach nicht für den Erfolg geschaffen…"

Dieses Szenario findet Abend für Abend in abertausenden Haushalten weltweit statt. Vielleicht kommt es Ihnen bekannt vor, vielleicht auch mehr als bekannt…

Wie kann unser Netz wachsen, wenn wir und die Menschen, die wir sponsern, sich so sehr davor fürchten, das Telefon in die Hand zu nehmen? Ist es sinnvoll, alles in unserer Macht zu tun, um diese Erfahrung anfangs so positiv wie möglich zu gestalten? Macht es Sinn, Neulingen jeden nur erdenklichen Vorsprung zu geben, das Ganze zu ihren Gunsten zu wenden und ihre Bemühungen mit maximaler Produktivität zu krönen? Aber natürlich!
Ich meine, man sollte das Telefon erst in die Hand nehmen, wenn man seine Absicht genau geklärt hat.

Was ist genau geklärte Absicht?

Vor jedem Telefonat müssen wir uns selbst und unserer Downline beibringen, uns zu fragen: „Weshalb nehme ich den Hörer zur Hand?" Oder, anders gesagt: „Welches Ergebnis möchte ich mit diesem Anruf erzielen?"

Das meine ich mit „genau geklärter Absicht". Keine Energieverschwendung. Keine Zeitverschwendung. Konzentration. Einen Spielplan. Klare Vorstellungen. Unser Stress sinkt im Verhältnis dazu, wie genau wir unsere Absicht geklärt haben.
Holen Sie sich noch mal das Drehbuch mit Nelson, dem neuen Geschäftspartner und seiner Frau Mary vor den Geist. Sie wollen mit ihm Termine verabreden, um sich mit seinen 5 besten potenziellen Geschäftspartnern zu treffen und eine Präsentation zu machen. Dabei ist es notwendig, mit Nelson seine Absicht genau zu klären, bevor er seine besten Leute überfordert und deren Ablehnung seine Begeisterung zerstört.
Diese Absicht sollte genau betrachtet wohl lauten, den potenziellen Geschäftspartner dazu einzuladen, sich mit der Möglichkeit zu befassen, mit einer Nebenbeschäftigung Geld zu verdienen.

Ich bin davon überzeugt, dass 9 von 10 neuen Geschäftspartnern NICHT DIE LEISESTE AHNUNG davon haben, was für ein Geschäft sie betreiben. Sie glauben, dass sie Network-Marketing machen, wenn sie eine Flasche Vitamine verkaufen, jemanden zur Unterschrift unter eine Versicherungspolice bewegen oder ihm eine Telefonkarte für Ferngespräche verkaufen. Dieser Denkfehler hat bei zahllosen Neulingen zu großen Frustrationen geführt und sie dazu gebracht, zu kapitulieren und ihren Traum von der finanziellen Unabhängigkeit aufzugeben.

Der anhaltende Grabenkrieg zwischen „finanziell motivierten Geschäftspartnern" und „Rettet-die-Welt-Geschäftspartnern" ist eine Bürde für die meisten Network-Marketing-Firmen. Große Unternehmen, die sich vor allem auf Gesundheit und Ernährung, Gewichtsabnahme, Umweltprodukte und Ähnliches richten, sind besonders davon betroffen. Das braucht jedoch nicht so zu sein.
Wenn es Ihr Ziel ist, eine Downline mit einem großen Produktumsatz aufzubauen, die das Einkommen Ihrer Familie weit über den Durchschnitt steigert, dann MÜSSEN Sie sich darauf konzentrieren, ein Network-Marketing-Profi zu werden. Kein Verkäufer, kein Rekrutierer, sondern ein professioneller

Network-Marketer, der Karriere macht. Wir werden in einem späteren Kapitel noch darauf zurückkommen. Aber jetzt weiter mit dem Thema, Menschen mit genau geklärter Absicht zu kontaktieren und einzuladen.

Ich bin davon überzeugt, dass der Rekrutierungsprozess eigentlich ein Sortiermechanismus ist. Nelsons neuer Geschäftspartner hat eine Datenbasis von 100 Personen. Wenn ich dort am Küchentisch säße, könnte ich davon sicherlich 3 bis 5 Menschen sponsern. Darüber hinaus fänden wir sicherlich 5 neue Kunden. Etwa 10 % der Personen auf seiner Liste sind mit Sicherheit einigermaßen offen für unsere Angebote. Wir wissen nur leider nicht, welche 9 von 10 „Nein, vielen Dank" sagen werden.

Bevor jemand „Nein, vielen Dank" sagen kann, muss er sich erst einmal damit befassen, was wir zu bieten haben. Erst dann kann er eine qualifizierte Entscheidung treffen. Dazu müssen wir zunächst das richtige Timing für unseren Kontakt finden. Die meisten Menschen sind doch sowieso schon schwer genug damit beschäftigt, sich durchzuwursteln. Sie nutzen die 168 Stunden pro Woche jetzt schon voll aus, und der Stress des Jagens und Sammelns ist weit mehr, als sie verkraften können. Und da kommen Sie daher und sagen: „Trallala, ich komme, um Sie zu retten!" Kein Wunder, dass die meisten Menschen „Nein!" sagen. Sie wissen ja nicht einmal mehr, wo ihnen der Kopf steht!

Geduld ist also wichtig. Ich glaube, dass man nur mit Ausdauer im heutigen Network-Marketing Erfolg haben kann. Das meine ich ernst. Es ist jene Ehrfurcht gebietende Festigkeit, die Monat um Monat weitermacht, bis man seine Kompetenz weit genug entwickelt und seine Datenbasis genügend erweitert hat und Fortuna einem zulächelt und einem ein oder zwei Führungskräfte schickt. Ich bewundere Ausdauer mehr als alles andere in dieser Branche.

Zurück zur Einladung. Bevor jemand NEIN sagen kann, muss er sich erst das ganze Geschäft ansehen, das wir zu bieten haben. Erst dann kann er eine qualifizierte Entscheidung treffen. Zu viele Anfänger wollen nach 10 Sekunden bereits einen Abschluss erzielen, genau wie ich damals an der Universität: „Hallo Bob, Nelson hier! Du solltest dich besser hinsetzen, denn das wird dich glatt umhauen. Du und ich, wir werden reich! Reicher als Popstars! Erinnerst du dich noch an die Pyramide, an der wir in der Oberstufe teilgenommen haben? Nun, statt Alkohol und Zigaretten geht's um Vitamine, und es ist ganz legal. Und du und ich, wir können 6 Frontlines sponsern, und es gibt einen Mittelklassewagen als Bonus, und wir müssen nächste Woche ins Hilton zu einem Geheim-Meeting gehen, damit du den Typen kennen lernst, der mich hier eingeschleust hat."

Ach so? Da liegt Liebe in der Luft – können Sie es fühlen? Wirklich? Fühlen Sie's schon?

Etwa 95 % der Bobs dieser Welt werden die Nelsons dieser Welt so radikal abschießen, dass diesen überhaupt nichts mehr einfällt. Anderseits werden natürlich 5 % dieser Bobs sich daran erinnern, dass das Pyramidenschema mit dem Alkohol und Zigaretten doch ganz gut gelaufen ist, und sie werden verrückt genug sein, sich auf die Chose einzulassen und sich sagen: „Wenn Nelson sagt, dass wir reich werden, dann werden wir das auch, verdammt noch mal!"

Aber die Chance zu scheitern liegt weit über 90 %. Also sollten wir die Nelsons gut ausbilden, weil sie sonst nach ein paar Anrufen am Boden zerstört sind, entmutigt aufgeben und Sie verfluchen, weil Sie sie zu so einer dummen Masche überredet haben.

Wenn ich bei Nelson sitzen würde, dann würde ich mit ihm ein Drehbuch durchnehmen, es durchspielen und einüben, bis es ganz natürlich klingt und er sich wohl dabei fühlt, bevor ich ihn auch nur in die Nähe des Telefons lasse. Wenn Bob, der potenzielle Geschäftspartner,

das Gefühl hat, der Neuling Nelson klingt unecht, wird er ihn kreuzigen. Wir müssen das Drehbuch also an Nelsons Vokabular und Stil anpassen.
Wenn ich anrufe, möchte ich zunächst den Ton des Gesprächs setzen. Ich fange immer damit an herauszufinden, ob der Zeitpunkt richtig ist und mein Gesprächspartner eine Minute Zeit für mich hat. Wenn er gerade dabei ist, eine Windel zu wechseln, rufe ich ihn später zurück, wenn er Zeit für mich hat.

Ich sage dann, dass ich nur ganz kurz Zeit habe, weil ich gerade auf dem Sprung zu einer Verabredung bin. Damit habe ich auch eine Hintertür, um das Gespräch zu beenden, falls das notwendig wird. Ich ließ mich früher leicht dazu verführen, mich zu verteidigen, zu erklären und Fragen zu beantworten. Und damit senkte sich die Zahl der Leute, von denen ich eine Einladung erhielt.

Ich will, dass die Chance meiner Neulinge, eine Verabredung mit ihrem warmen Markt zu treffen, über 80 % liegt. Ein potenzieller Geschäftspartner kann nicht „Nein oder Ja" zu einem Angebot sagen, bevor er ganz im Bilde ist. Statt mich in eine Debatte verwickeln zu lassen, ziehe ich lieber den Stecker aus dem Telefon oder schmeiße einen Topf auf den Boden, um eine lautstarke Ablenkung zu erzeugen, damit ich das Gespräch beenden kann.

Wenn Ihnen klar ist, dass es Ihr Angebot und Telefon ist, werden Sie keine Angst mehr haben, Anrufe zu machen.

In der Folge schildere ich ein paar Drehbücher, die ich in der Vergangenheit benutzt habe. Sie müssen sie unbedingt Ihrem Stil und Ihrer Organisation anpassen. Ich werde Anmerkungen und Erklärungen zu den jeweiligen Texten machen.

Die Einleitung...

„Hallo ____? Hier ist ____.

Ich rufe in einer geschäftlichen Angelegenheit an. Haben Sie 60 Sekunden Zeit für mich?"

Falls „Nein" ...: „Kein Problem. Ich rufe später noch mal an."
Falls „Ja" ...: „Ich habe nicht viel Zeit, weil ich auf dem Sprung zu einer Verabredung bin. Ich komme also gleich zum Thema."

Ihre personalisierten ... „Drehbücher für Anrufe im warmen Markt"

(mit Dank an Hilton Johnson, einem guten Freund und hervorragenden Network-Marketing-Trainer. Siehe Anhang)

1. „Ich habe gerade ein neues Unternehmen gegründet, weil ich finanziell unabhängig sein und mehr Dinge tun will, die mir Spaß machen. Mein Geschäft wächst, und ich brauche eine geeignete Person, die mir dabei hilft. Ich dachte an dich, weil ich weiß, dass es dir gefallen könnte, über mehrere Einkommensquellen zu verfügen.

Wenn ich dir eine attraktive Unternehmensform unterbreiten könnte, mit der du ein hervorragendes Nebeneinkommen erzielen könntest, ohne deine gegenwärtige Situation zu beeinträchtigen, würdest du dann mehr darüber wissen wollen?

„*(Ja)*"

„Darf ich dir einen Vorschlag machen?"

„*(Ja)*"

„Wir könnten einen Termin vereinbaren und uns dann eine Stunde zusammensetzen, in der ich dir das Programm schildere... Wann würde es dir am besten passen?"

2. „Ich habe gerade ein neues Unternehmen gegründet, weil ich nicht mehr so häufig und

lange von meiner Familie getrennt sein will. Mein Geschäft wächst, und ich brauche eine geeignete Person, die mir dabei hilft. Ich habe an dich gedacht, weil du bereits ein recht erfolgreicher Geschäftsmann bist und viel Erfahrung hast.

Wenn ich dir eine attraktive Unternehmensform unterbreiten könnte, mit der du die finanzielle Freiheit hättest, all das zu tun, was du tun möchtest, würdest du dann mehr darüber wissen wollen?"

„(*Ja*)"

„Darf ich dir einen Vorschlag machen?"

„(*Ja*)"

Ich könnte dir ein Audio (eine Videokassette etc.) in den Briefkasten werfen, die du dir anhören kannst. Das verschafft dir einen guten Überblick über das gesamte Programm. Ich rufe dich dann an, nachdem du dir deine Gedanken darüber gemacht hast und wenn du den nächsten Schritt diskutieren möchtest. Wie wäre das?"

---

3. „Meine Frau und ich haben gerade ein neues Unternehmen gegründet. Wir waren in Sorge, weil unser Arbeitgeber gerade lautstark über Entlassungen nachdenkt.

Unser Geschäft wächst, und wir brauchen eine geeignete Person, die uns dabei hilft. Wir haben an dich gedacht, weil wir wissen, dass dir deine derzeitige Arbeit auch nicht besonders gefällt und weil wir glauben, dass dies wirklich etwas für dich wäre.

Wenn wir dir ein attraktives Unternehmenskonzept unterbreiten könnten, das dir ermöglicht, deinen Chef zu feuern und deine eigene Firma zu gründen, würdest du dann mehr darüber wissen wollen?"

„(*Ja*)"

„Darf ich dir einen Vorschlag machen?"

„(*Ja*)"

Vielleicht können wir dir ein Video zum Thema vorbeibringen, das du dir ansehen kannst? Wir holen es dann in ein paar Tagen wieder ab und reden darüber, was der nächste Schritt wäre, in Ordnung?"

---

4. „Ich habe gerade ein neues Unternehmen gegründet, weil ich mir Sorgen über den Personalabbau bei meinem Arbeitgeber mache. Mein Geschäft wächst, und ich brauche eine geeignete Person, die mir dabei hilft. Ich habe an dich gedacht, weil du so gut mit Menschen umgehen kannst.
Wenn ich dir eine attraktive Unternehmensform unterbreiten könnte, die dir erlauben würde, mehr Zeit mit deiner Familie zu verbringen und dabei noch ein hervorragendes Nebeneinkommen zu verdienen, wärst du dann offen für etwas anderes als deine derzeitige Arbeit?

„(*Ja*)"

„Darf ich dir einen Vorschlag machen?"

„(*Ja*)"

„Wir könnten einen Termin für eine Konferenzschaltung zwischen meinem/r (Sponsor, Upline, Partner etc.), dir und mir vereinbaren. Er/sie kann dir dann das ganze Programm erläutern und all deine Fragen sofort beantworten... Okay?"

---

5. „Ich habe gerade ein neues Unternehmen gegründet, weil meine derzeitige Karriere ins Niemandsland führt. Mein Geschäft wächst, und ich brauche eine geeignete Person, die mir dabei hilft. Ich habe an dich gedacht, weil du

ein unternehmerisch denkender Mensch bist und ich nach genau solchen Menschen suche.

Wenn ich dir eine attraktive Unternehmensform unterbreiten könnte, die es dir erlauben würde, ein hervorragendes Nebeneinkommen zu verdienen, ohne deine gegenwärtige Situation zu beeinflussen, würdest du dann mehr darüber wissen wollen?“

„(*Ja*)“

„Darf ich dir einen Vorschlag machen?“

„(*Ja*)“

„Ein paar Führungskräfte des Unternehmens und ich haben am (Datum und Uhrzeit) ein kurzes Meeting. Das wäre eine hervorragende Gelegenheit für dich, das Ganze auf Herz und Nieren zu prüfen. Wenn du willst, kann ich dich dort ein paar Leuten vorstellen, die einiges mit dir gemein haben. Wie klingt das?“

„(*Großartig*)“

„In Ordnung. Ich komme um ____ Uhr bei dir vorbei und hole dich ab, okay?“

Wortgeplänkel

„Kannst du mir ein wenig mehr darüber erzählen?“

„Aber sicher! Ich wusste ja, dass du Interesse hast. Statt das stückchenweise am Telefon auseinander zu klamüsern, wie wäre es, wenn ich dir ein Video zum Thema mitbringe, wenn wir uns treffen? Du hast doch ein Videogerät, oder?“

ANMERKUNG: Ich sage immer „Aber sicher“. Wenn man sagt: „Nein, erst wenn wir uns treffen“, dann hört das Gehirn: „NEIN!“ und nimmt eine Verteidigungshaltung ein. Ich gebe den Leuten daher immer eine positive Antwort, denn dann bleiben sie offen.

„Geht es dabei um _____ (irgendein Lieblingsvorurteil über Network-Marketing)?“

„Ehrlich gesagt würde ich mir diese Sache auch dann näher ansehen, wenn es darum ginge, Hühnerscheiße zu schaufeln, denn es ist wirklich extrem lukrativ.“

ANMERKUNG: Das müssen Sie nicht so sagen. Nach 15 Jahren am Telefon war ich es einfach müde, immer wieder auf Fragen zu Pyramidensystemen antworten zu müssen, dass ich daher sofort auf den Kernpunkt komme. Vielleicht ist das nicht die richtige Antwort für jeden! (Offensichtlich nicht!) Hier die Antwort, die ich bei jungen Leuten verwende:

„Ich brauche nur eine Stunde und eine Tasse Kaffee. Wenn es dich langweilt, wird der Kaffee dich zumindest wach halten.“

Es ist wirklich erstaunlich, wie viel Spaß es machen kann, Treffen zu vereinbaren, wenn man luftig und freundlich bleibt.

Wenn man Sie unter Druck setzt und Sie das Gefühl haben, das Telefonat entwickelt sich in die falsche Richtung, versuchen Sie's doch hiermit:
„Tut mir leid, Bob, aber ich muss jetzt los. Ich hatte dir ja gesagt, dass ich noch eine Verabredung habe. Können wir jetzt eine Verabredung treffen, oder sollen wir das Ganze auf Sparflamme setzen?“

Mein letzter Tipp ist, das Ganze auf Band aufzunehmen. Sie werden eine Menge lernen, wenn Sie Ihre Anrufe nachbearbeiten. Gute Telefongespräche sind Übungssache, und sie werden im Laufe der Zeit ganz großartig werden!

Schritt 3: PDP, PDP, PDP (Präsentiere den Plan)

Wenn wir an Ihrem Küchentisch säßen, wie würden Sie dann Ihre Fähigkeit einschätzen, mich für Ihr Angebot zu gewinnen und mein Sponsor zu werden?

Derzeitige Fähigkeit: (von 1, gering, bis 10, optimal)______

Wenn Sie eine Zahl unter 7 eingesetzt haben, müssen Sie daran arbeiten. Einfach gesagt: Übung macht den Meister. Wenn Sie jedoch auf die falsche Art üben, werden Sie zwar gut – aber in den falschen Bereichen. Das wollen Sie doch nicht, oder? Oder schlimmer noch: Wollen Sie, dass Ihre Downline Leuten Ihren Plan auf die falsche Art und Weise präsentiert?

Wenn Sie, was die Präsentation des Plans betrifft, kein Ass sind, wer in Ihrer Upline ist es? Suchen Sie nach diesem Menschen. Wenn diese Menschen aus Ihrer Nähe kommen, müssen Sie ihnen zu ein paar Präsentationen folgen und ihren Inhalt, Rhythmus und Stil kennen lernen. Ich empfehle, dass Sie ein paar dieser Präsentationen aufnehmen und diese mit Ihrer Upline über einer Tasse Kaffee proben. Wenn Sie ein wenig Selbstvertrauen gewonnen haben, nehmen Sie ein paar Ihrer nächsten Präsentationen auf, und bitten Sie Ihre Upline, diese Bänder zu prüfen. Wenn Sie soweit sind, eine inspirierende Präsentation zu machen, nehmen Sie sie auf, und geben Sie diese Kassette an Ihre Downline als Studienmaterial weiter.

Wenn Ihre Upline außerhalb wohnt und arbeitet, ist auch das kein Problem. Rufen Sie so lange an, bis Sie jemanden gefunden haben, der hervorragende Präsentationen macht. Bitten Sie ihn dann, eine 1-zu-1-Präsentation und, falls möglich, eine Präsentation mit einer kleinen Gruppe bei sich zu Hause auf Audio- oder Videokassette aufzunehmen. Studieren Sie die Kassette, und üben Sie. Nehmen Sie Ihre Leistungen auf, und schicken Sie sie an die Upline mit der Bitte um Kritik.

Ich weiß, dass jetzt einer ganzen Reihe Leser die Haare zu Berge stehen. Vor allem denjenigen, die sich zwar dem Network-Marketing angeschlossen haben, aber mit niemandem reden wollen. Ob Sie es glauben oder nicht, es gibt Abertausende, die sich für Network-Marketer halten, sich aber am liebsten in ihrem Keller verstecken und im Internet rumspielen würden. Sie prahlen damit, wie viele Menschen sie online angeworben haben. Aber das ist ein Kartenhaus. Welche Fähigkeiten haben solche Web-Zombies denn eigentlich? Sie können nicht richtig telefonieren. Sie haben nicht genug Selbstvertrauen, um persönlich mit anderen zu sprechen. Sie können ihre Gruppe nicht schulen, weil sie auch dazu nicht die nötigen Fähigkeiten haben.

Damit sich Ihr Bankkonto ändert, müssen Sie sich ändern. Sie müssen besser werden. Sie müssen neue Fähigkeiten, neue Talente und neue Ebenen des Selbstvertrauens erreichen. Es ist alles sowieso nur ein Spiel, das in Ihrem Kopf stattfindet. (Siehe Kapitel „Seine Träume aufbauen".)

Wenn man das wirklich dicke Geld im Network-Marketing verdienen will, muss man Selbstvertrauen haben und den Plan kompetent präsentieren können.

Wie ich den Plan präsentiere:

In meinen 14 Jahren im Network-Marketing habe ich noch nie erlebt, dass es dem Hauptquartier gelungen wäre, einen guten Plan zu entwerfen. Jedes Network-Marketing-Unternehmen entwirft zunächst eine Präsentation für seine Geschäftspartner im Feld. Der stinkt meistens. Und hier ist der Grund.

Mal angenommen, Sie sind Geschäftpartner von XYZ, einer Network-Marketing-Kosmetikfirma. Sie öffnen das Handbuch für Präsentationen, und auf der ersten Seite ist ein Bild der Gründerin und eine Reihe Daten zu ihrem geschäftlichen Hintergrund, wie lange sie schon in dieser Branche tätig ist und dass die Firma Mitglied des Verbandes für den Direktverkauf ist. Auf Seite 2 ist ein Bild der Fabrik und Daten dazu, wie viel Produkteinheiten dort pro Stunde hergestellt werden. Auf Seite 3 findet man eine Grafik des Firmenumsatzes der letzten 4 Jahre. Seite 4 wartet mit einem ganzseitigen Bild aller Produkte auf, und auf Seite 5 sind alle Inhaltsstoffe aufgelistet.

Auf Seite 6 sind lauter Bilder zufrieden lächelnder Kunden und auf Seite 7 eine weitere Grafik, wie viele neue Geschäftspartner die Firma die letzten 4 Jahre gewonnen hat. Auf Seite 8 ein weiteres Bild der Eigentümerin im Kreise vieler lächelnder Anzugträger. Auf Seite 10 sieht man einen Haufen durch Balken verbundener Kreise und jede Menge Zahlen und Prozentsätze. Die Seite 11 ist wieder voller Kreise mit einem verwirrenden Zahlensalat. Auf Seite 12 schließlich ein Aufnahmeantrag für neue Geschäftspartner.

Ich weiß nicht, wie es Ihnen ergangen ist, aber mit solchem Kram musste ich mich anfangs auseinandersetzen. Vielleicht hat Ihre Firma ja ähnliches Zeugs verteilt, nur auf einer CD oder in einem Video.

Ich habe fast ein ganzes Jahrzehnt gebraucht, um eine Präsentation zu entwickeln, die unter einer Stunde dauert und sich auf den potenziellen Geschäftspartner richtet. Weshalb nur verstehen Network-Marketing-Firmen nicht, dass es bei Präsentationen nicht um sie geht? Es geht nicht darum, ein Produkt zu verkaufen!
Aber stellen Sie sich doch mal folgende Situation vor: Ich sitze an Ihrem Küchentisch. Sie taumeln durch den bescheuerten firmeneigenen Alptraum, der sich Präsentationsbuch nennt. Ich sehe Gebäude, die ich nicht kenne, Produkte von denen ich nichts verstehe, Menschen, die mir egal sind und verwirrende Prozentsätze und Kreise. Das ist ein Witz. Aber am Ende schauen Sie mich an, sind vollkommen begeistert und fragen mich: „Und, sind Sie dabei?" Ich mache eine kleine Pause und sage: „Ja."
Sie springen auf und machen den „Ich-habe-einen-Tanz" um den Küchentisch.

Frage: Weshalb bin ich eingestiegen?

Diese Frage hat mich ein Jahrzehnt lang verfolgt. Wenn ich wüsste, weshalb jemand nach einer grauenhaften Präsentation Geschäftspartner wird, könnte ich das in eine Formel fassen. Was geht im Kopf potenzieller Geschäftspartner vor?

Ich bin mir sicher, dass die meisten Leute bei einer typischen Network-Marketing-Präsentation nach 4 bis 7 Minuten auf Durchzug schalten. Sie tun so, als ob sie dabei sind, aber die glasigen Augen, die auf die Präsentationsmappe gerichtet sind, sagen Ihnen, dass sie an etwas anderes denken. Die Sehnerven registrieren die Worte und Bilder, aber sie verarbeiten diesen Daten nicht bewusst. Wie verwandelt sich dieser Input in die Aussage solcher Menschen: „Ja, ich bin dabei"?

Ich glaube, dass jeder, Sie, ich, Ihre gesamte Downline, die derzeit 7 Millionen Menschen weltweit, die Network-Marketing machen, also wirklich jeder, nur einen einzigen Grund hatte, Geschäftspartner zu werden: Sie wollten damit ein ganz wichtiges Bedürfnis befriedigen.

Wenn die Augen glasig werden, bedeutet das, dass ein wichtiger innerer Dialog stattfindet. Die Augen, Ohren und alle intuitiven Sinne sammeln Input, die das Gehirn interpretieren, übersetzen und als Entscheidungsgrundlage benutzen kann.

„Hallo Hirn, hier spricht deine Intuition. Was ist los?"

„Hallo Intuition, es ist ein wenig verwirrend hier. Diese Präsentation wird von einer sehr begeisterten Person gemacht, die ziemlich schnell redet. Die Information muss wohl sehr wichtig sein.“

„Du hast völlig Recht, Hirn. Ich habe gehört, was die Ohren aufgenommen haben. Ziemlich verwirrend.“

„Ich werde mich anstrengen, es richtig zu übersetzen. Mach dich an die Arbeit und entscheide, ob wir mit dieser Information das Leck im Dach stopfen, das alte Auto reparieren, die unterbliebene Beförderung im Büro ersetzen und unser Leben insgesamt optimieren und den unangenehmen Zustand, in dem wir uns befinden, beseitigen können.“

„Mache ich, Hirn. Verarbeite einfach weiter diese komischen Kreise und die Kosmetikinfo. Übrigens, das sollte um Himmels willen kein Vertreterjob sein, wo man von Tür zu Tür geht. Du weißt, wie sehr ich so etwas hasse.“

„Geht in Ordnung, Intuition. Ach übrigens: Wenn das funktioniert und wir ein neues Auto kaufen können, darf es ein roter Ferrari sein?“

***

Kümmert es das Gehirn, wem das Network-Marketing-Unternehmen gehört? Vielleicht ein wenig. Interessiert es das Gehirn, wie lange die Firma im Geschäft ist? Ein bisschen vielleicht. Kümmert es das Gehirn, wie die Formel für das Produkt lautet? Vielleicht ein wenig.

Aber die Intuition ist da ganz anders. Sie versucht herauszufinden, ob all diese Information die wichtigen Bedürfnisse erfüllen kann.

Also..., damit jemand sich Ihrem Team anschließt...

... muss er oder sie ein dringendes Bedürfnis haben nach etwas. Das Gehirn muss Ihre Präsentation als Lösung betrachten.

Aus diesem Grund benutze ich bei einer Präsentation nie das Material der Network-Marketing-Firma so, wie es ist. Aus der Sicht des Unternehmens sollten alle Leute Geschäftspartner werden, weil sie so fantastische Produkte hat. Potenzielle Geschäftspartner jedoch haben ganz andere Pläne und Wünsche.

Das Bedürfnis befriedigen - Wie man mehr Geschäftspartner gewinnt.

Sie konzentrieren sich nun also weit mehr darauf, das Bedürfnis potenzieller Geschäftspartner zu befriedigen, als sie zu rekrutieren. Wie erkennen wir also dieses Bedürfnis am effektivsten?

Ich muss zugeben, dass mir das anfangs sehr schwer gefallen ist. Ich war so nervös, dass ich eine 25-minütige Präsentation machte, ohne ein Mal Luft zu schnappen. Denn wenn ich mal durchatmete, würde der potenzielle Geschäftspartner sicher eine Frage stellen, die ich nicht beantworten konnte, und dann würde ich ganz schön dumm aussehen, und das wollte ich keinesfalls.

Mein Sponsor hatte mir zwar gesagt, dass ich mit meinen jungen Jahren (19) nicht den Experten zu mimen brauchte, und dass ich auf eine Frage, auf die ich keine Antwort hatte, antworten sollte: „Das ist eine ausgezeichnete Frage! Ich werde sie mir aufschreiben und meinen Sponsor fragen.

Er weiß ziemlich genau, mit welcher Geschwindigkeit sich Calcium im Magen auflöst. Ich habe davon keine Ahnung. Ich weiß nur, dass ich innerhalb von 12 Wochen fast ein Pfund Muskelgewebe entwickelt und jetzt sehr viel mehr Energie habe und mich fantastisch fühle!“

Fakten informieren, Geschichten verkaufen.

Nachdem ich erst einmal gelernt hatte, mich zu entspannen, machte mir das Präsentieren mehr Spaß. Und dann tauchte Falle Nr. 2 auf.

Falle: Halbwissen kann gefährlich sein

Nachdem ich etwa ein Jahr im Geschäft war, konnte ich wirklich gut präsentieren. Ich war entspannt und hatte Selbstvertrauen. Und weil ich schon eine Weile dabei war, wusste ich eine Menge über Gesundheit, Ernährung, Abnehmen, Hautpflege, Kräuter, Network-Marketing, Wirtschaft usw. Je mehr ich wusste, desto länger wurde meine Präsentation.

Stellen Sie sich vor, wie frustrierend es für potenzielle Geschäftspartner gewesen sein muss, sich 2 Stunden lang den olympischen Monolog eines jungen Erwachsenen über Ernährung anhören zu müssen und wie Binärzahlen und Ganzzahlen sich zueinander verhalten. Wenn ich heute daran denke, kann ich nur den Kopf schütteln.

Aber was ich auch immer machte, die Leute schlossen sich an, egal ob eine kurze knappe oder eine fast endlose Präsentation. Sicherlich waren die Prozentsätze bei langen Präsentationen geringer, aber so manches Hirn dekodierte die Botschaft nach wie vor, und die Intuition sagte ihnen, dass dieses Geschäft ihre wichtigsten Bedürfnisse befriedigen würde. Der Nike-Slogan stimmt: „Just do it! (Tu‘s einfach!)“

Wenn ich ehemalige Amway-Leute für meine Firma rekrutierte, kaufte ich ihnen immer ihre alten Trainings-Kassetten ab. Sie waren immer ganz dankbar dafür, noch ein paar Cent damit verdienen zu können. In einem alten Schuhkarton mit Amway-Kassetten fand ich dann schließlich einen Schlüssel zum Geheimnis.
Ich weiß nicht, was Sie davon halten, tausende Kilometer im Jahr zu fahren, um fünf oder sechs Abende die Woche im Wohnzimmer fremder Leute Kreise zu zeichnen. Ich habe das mehrere Jahre getan, um mein Geschäft in Gang zu bringen. Die „Amway-Leute“ machen das seit 40 Jahren. Sie sind Meister der Präsentation.

Ich hörte immer wieder Referenzen zu einem Abschnitt bei der Präsentation, der „Dream Building“ genannt wurde. Also hörte ich mir auf der Suche nach diesem Goldklumpen alle ihre Kassetten an. Man muss sich schon jede Menge Zeugs anhören, um das zu finden, was man sucht. Aber schließlich fand ich etwas.
Erinnern Sie sich an die zwei Gründe, die meiner Meinung nach wesentlich sind, damit sich jemand Ihnen anschließt?
Damit jemand Ihrem Team beitritt...

a) … muss er/sie ein dringendes Bedürfnis haben

b) … muss sein/ihr Hirn die Präsentation so übersetzen, dass diese das Bedürfnis erfüllt.

Was würde geschehen, wenn Sie sich zunächst auf a) konzentrieren, nämlich Ihrem Gegenüber zu helfen, sein wichtigstes Bedürfnis mitzuteilen? Was, wenn Sie es entdecken und daraufhin Ihre Präsentation darauf konzentrieren, dieses Bedürfnis zu erfüllen? Glauben Sie, dass Sie es dadurch dem Gehirn Ihres Gegenübers leichter machen würden, b) die Präsentation zu übersetzen? Wie würde sich das im Prozentsatz der Menschen niederschlagen, die bei Ihnen unterschreiben?

Ich brauchte viele Jahre, um dieses Konzept zu verfeinern. Anfangs waren meine Präsentationen ziemlich ungeschickt. Ganz zu Anfang starrte ich die Leute an, bis sie sich unwohl fühlten. Dann nahm ich Stift und Papier und sagte: „Stellen Sie sich vor, Sie hätten gerade eine Million im Lotto gewonnen. Was würde das ändern? Ich möchte das hier gern aufschreiben...“

O ja, ich bekam ganz schön dreckige Blicke! Meistens verschränkten die Leute die Arme über der Brust, starrten zurück, lehnten sich im Stuhl zurück und antworteten: „Da würde sich nichts ändern. Ich würde genau so bleiben, wie ich jetzt bin.“

Man braucht keine abgeschlossene Ausbildung darin, körperliche Signale lesen zu können, um zu verstehen, was sie von diesem Thema hielten: „Manche Leute sind ganz schön frech! Kommen in meine Wohnung und stellen mir ganz persönliche Fragen. Ist mir egal, was dieser Mann verkauft, ich kaufe jedenfalls nichts!"

Ich brauchte viel Zeit und Übung, um meine Präsentation zu verfeinern. Ich wusste, dass ich die Bedürfnisse der potenziellen Geschäftspartner besser aufdecken musste. Mir war klar, wenn ich eins finden konnte, das ihnen unter den Nägeln brannte, dass meine Chance groß war, sie für mein Team zu rekrutieren.

Nach vielen Jahren hatte ich meine 1-zu-1- und meine Gruppenpräsentation zu einem sehr wirksamen, einfachen System verfeinert, das man anderen leicht beibringen kann. Ich benutze hierzu „Rezeptkarten". Jeder neue Geschäftspartner in meinem Team erlernt die 8 Schlüsselpunkte einer Präsentation und schreibt sie zu diesem Zweck jeweils auf eine Karte. Dann können sie weitere Punkte auf die jeweilige Karte schreiben, mit der sie diesen Schlüsselpunkt abstützen können. Wenn nicht alles auf eine Karte passt, können sie es bei einer Präsentation nicht benutzen. Bei etwa 5 Minuten pro Karte kann jeder eine Präsentation machen und wieder gehen. Und das alles in weniger als einer Stunde.

Im nächsten Kapitel gehen wir auf dieses Thema sehr viel genauer ein.

Wie man den Prozess in Gang setzt

Wenn man potenziellen Geschäftspartnern seinen Plan erstmals präsentiert, gehen meiner Schätzung nach 75 % der Leute nicht darauf ein. Eigentlich sollte man beim ersten Mal eigentlich gar keinen „Abschluss" machen. Man fragt eine Frau ja auch nicht bei einem ersten Date, ob sie einen heiraten will, oder? (Das sollten Sie vielleicht jetzt nicht so genau beantworten.)

Wenn man weiß, dass man nicht auf ein Ziel hinarbeitet, bei dem die Papiere unterschrieben und die Visa-Karte gezückt werden muss, ändert das die Einstellung - es geht nicht mehr um alles oder nichts. Man steht nicht unter Druck. Man ist nur da, um einen ersten Schritt zu machen: um dem potenziellen Geschäftspartner eine Übersicht zu verschaffen.

Nochmals, wir gehen hier davon aus, dass Sie zunächst eine lokale Organisation aufbauen wollen. Ich bin davon überzeugt, dass der lauwarme Markt und Empfehlungen den kostengünstigsten Start für den Aufbau eines eigenen Netzes bieten. Wenn Sie sich im Internet tummeln, Anzeigen schalten oder Briefmarken kleben und Broschüren verschicken wollen, bitteschön! Jammern Sie dann aber nicht rum, wenn es schwer wird.

Was meine ich mit „Wie man den Prozess in Gang setzt"? Nun denn, Marketing-Experten sagen, der durchschnittliche Mensch müsse 4- bis 7-mal mit etwas konfrontiert werden, bevor er eine Kaufentscheidung trifft. Statistisch hat man also die beste Chance, dass sich jemand anschließt, wenn man wieder geht, nachdem man den Appetit der Leute angeregt und ihnen ein wenig Information gegeben hat. An dieser Stelle spielt das „Paket für die erste Nacht" eine große Rolle. Ich weiß nicht, wie das bei Ihrer Firma oder Downline heißt. Es ist im Grunde nichts anderes als eine bestimmte Menge Information für eine oder maximal zwei Nächte, die man seinem potenziellen Geschäftspartner hinterlässt. Das Ziel eines solchen Paketes ist es, dass Ihre Downline es leicht und exakt duplizieren kann. Stellen Sie sich mal vor, jedem Mitglied Ihres Teams stünde die gleiche Information für geeignete potenzielle Geschäftspartner zur Verfügung. Das würde das Leben viel leichter machen.

Ein gutes Paket für die erste Nacht geht nicht vor Information über, enthält aber genügend aufregende Inhalte, um den potenziellen

Geschäftspartner dazu zu bewegen, sich das Ganze näher anzusehen. Ich halte ein Sponsorsvideo und eine CD der Firma, ein paar Kassetten zufriedener Kunden, eine Kassette über das Produkt plus ein oder zwei Zeitschriften voller Geschichten und die Glaubwürdigkeit steigernde Empfehlungen Dritter für ausreichend. Versuchen Sie alle drei Lerndimensionen anzusprechen: Audio, Visuelles und Lesestoff.

Wenn Sie den Prozess in Gang setzen, beginnen Sie eigentlich bereits mit dem Training. Sie geben eine wirksame 1-zu-1-Präsentation, die Leute studieren das Paket für die erste Nacht, und Sie nehmen den Faden wieder auf und gehen dann den Plan mit ihnen durch. Das ist Schritt 4, Follow-up und Follow-through.

Ihnen muss allerdings klar sein, dass Sie nach dem Paket für die erste Nacht immer noch nicht durch sind. Viele sind auch jetzt noch nicht bereit, sich anzuschließen. Sie müssen vielleicht noch an einem längeren Event wie einem Familien-Meeting oder Business-Briefing teilnehmen. Wir werden das in dem Kapitel über Events noch näher besprechen. Vielleicht brauchen Sie auch ein zweites Info-Paket mit mehr Informationen über die Branche und „Wie man's macht".

Wesentlich ist, dass man im Auge behält, dass Rekrutieren wie „Brautwerbung" ist -und ein Prozess. Man sollte es dabei nicht eilig haben...

Schritt 4: Follow-up und Follow-through

Hier das Drehbuch: Sie haben jemanden von Ihrer Master-Liste kontaktiert in der Absicht, ihm von der begeisternden Möglichkeit zu berichten, etwas dazuzuverdienen. Er erklärt sich damit einverstanden, dass Sie ihn eine Stunde lang besuchen. Sie haben eine fantastische Präsentation hingelegt. Sie haben ein paar unerfüllte Träume aufgedeckt, Ihr Gegenüber hat zugegeben, dass er diese nicht erfüllen kann, wenn er seinen Weg weitergeht wie bisher und dass er sich Ihr Angebot detailliert ansehen will. Sie haben ihm das Paket für die erste Nacht dagelassen, damit er es die nächsten 48 Stunden studieren kann, und Sie sind nun gerade wieder zu ihm unterwegs.

Wie fühlen Sie sich? Nervös? Aufgeregt? Panisch? Verzagt? Stellen Sie sich vor, wie Sie sich fühlen, wenn Sie bei ihm klingeln...

Verstehen Sie jetzt, weshalb viele Networker Follow-up und Follow-through fürchterlich finden? Die Angst davor, abgelehnt zu werden, ist so stark, dass viele lieber gar nicht hingehen wollen. Die Selbstzweifel sind so stark, dass das Gehirn Selbstverteidigungsmaßnahmen ergreift: Anrufe werden versäumt, Verabredungen vergessen; der endlose innere Dialog springt an, um Sie vor der befürchteten Ablehnung zu beschützen.

Viele Jahre lang habe ich immer behauptet, man müsse weit mehr und härter an sich selbst arbeiten als an irgendeinem anderen Aspekt des Network-Marketings. Darum heißt es wohl manchmal, Network-Marketing sei eine riesige Selbstbildungsmaschine unter dem Deckmantel eines Vertriebsweges für Produkte.

Effektives Follow-up ist absolut notwendig, wenn man diese Branche meistern will.

Zurück zum Drehbuch: Sie klingeln, und der potenzielle Geschäftspartner öffnet die Tür. Er hat Sie schon erwartet, weil sie ja eine Verabredung hatten. Er öffnet die Tür nur einen Schlitz breit, schiebt Ihnen das Paket für die erste Nacht zu und murmelt: „Wir haben darüber geredet und sind zu dem Schluss gekommen, dass es nichts für uns ist..." Was machen Sie jetzt?

A)
Sie schleudern ihm ein paar Schimpfworte entgegen, treten an die Tür und verlassen den Ort des Geschehens mit quietschenden Reifen.

B)
Ihr Unterlippe bebt, Sie brechen in Tränen aus und schleichen davon, den Schwanz zwischen die Beine geklemmt.

C)
Sie fangen einen Streit darüber an, was für einen bescheuerten Job er hat.

D)
Etwas ganz anderes.

Wenn Sie sich für A entschieden haben, haben Sie das vollste Recht dazu. Na ja, vielleicht nicht, aber Sie gehören zu meiner Lieblingsart von Networkern, angriffslustig und hart!

Allerdings war ich in meinen Anfängen wohl eher ein weinerlicher B, bevor ich 5 Jahre und viele gescheiterte Versuche später zu einem A wurde. Aber ich möchte Ihnen zu keiner der beiden Methoden raten!

Die richtige Antwort lautet D, etwas ganz anderes. Hier, was ich tun würde:

Ich würde durch den Türspalt rufen: „Ich kann das verstehen. Sie haben wahrscheinlich das Gefühl, Sie hätten nicht genug Zeit für dieses Angebot oder seien nicht dafür geeignet. Aber wo ich schon mal da bin, würde ich Ihnen gerne zeigen, wie ich Menschen helfen kann, in den nächsten 72 Stunden bis 28 Tagen nebenbei € 1463 zu verdienen. Ich brauche nur 8 Minuten dafür."

Lesen Sie den obigen Absatz ein zweites Mal, und schauen Sie, ob er Ihnen gefällt. Wenn nicht, können Sie ja immer noch Option A durchziehen...

Was aber, wenn alles gar nicht so fürchterlich läuft? Was, wenn der potenzielle Geschäftspartner sich mit Ihnen an den Küchentisch setzt? Was nun?
Wenn Sie das Kapitel über den Plan und wie man ihn präsentiert gelesen haben, wissen Sie schon Bescheid. Hier, was ich meinen aufsteigenden Stars seit Jahren beibringe.

„Bob, ich habe einmalige Neuigkeiten. Ich habe schon den ganzen Tag an dich gedacht. Wo ist dein Kühlschrank?"

Natürlich wissen Sie, wo der Kühlschrank ist. Bevor Sie sich also in der Küche Ihres potenziellen Geschäftspartners ein Brot schmieren, hören Sie genau zu. Sie greifen in Ihre Aktentasche und bitten Bob um einen Klebstreifen.

Und was kleben Sie an Bob´s Kühlschrank?

Wenn Sie beim Dream-Building ganze Arbeit geleistet haben, wissen Sie, dass Bobs Herz an einem blau metallic lackierten BMW hängt. Sie waren in Ihrer heutigen Mittagspause bei einem BMW-Händler und haben sich eine Broschüre über genau diesen Wagen von ihm geben lassen. Sie haben den Autoverkäufer kontaktiert und ihm gesagt, dass Sie in ein paar Wochen mit einem potenziellen Käufer vorbeikommen würden. (Siehe Kapitel Dream Building.)

Was glauben Sie, geht Bob durch den Kopf, wenn Sie das Bild an seine Kühlschranktür kleben? Glauben Sie, sein Arbeitgeber hätte schon jemals so etwas gemacht? Wohl kaum! Sie zeigen auf das Bild und nehmen Bob das Versprechen ab, dass er Sie auf eine Fahrt in dem BMW mitnimmt, wenn er ihn sich dank Ihres Angebots kaufen kann.

Sie haben das Schlüsselbedürfnis verstärkt. Sie haben seine Fähigkeit, sich Entschuldigungen zurecht zu legen, lahm gelegt und sein Feuer neu geweckt. Jetzt ist der Boden fürs Follow-up bereitet!

Und hier, wie ich diesen Aufschlag früher wieder ganz schnell verspielt hatte: Ich setzte mich an den Tisch und fragte in etwa: „Nun denn, welche Fragen haben Sie?"
Die Armen. Bob und Mary haben eigentlich

keine großen Fragen. Also starren sie sich gegenseitig ein wenig nervös an und versuchen, sich eine gute Frage für mich auszudenken. Meistens eine ziemlich verheerende, etwa: „Also gut; sind Ihre Produkte teuer? Sind es wirklich reine Naturprodukte?“ GRUMMEL! Ich will über finanzielle Freiheit reden, und sie analysieren den Preis meiner Zahnpaste!

Später lernte ich dann, das Gespräch zu lenken: „Bob, Mary, ich bin mir sicher, dass Sie viele wichtige Fragen haben, zum Beispiel wie der Provisionsplan funktioniert, wie man eine Kontaktliste erstellt und wie viel Zeit Sie wohl investieren sollten. Sicher würden Sie gerne wissen, wie ich Menschen dabei helfen kann, in den nächsten 72 Stunden bis 28 Tagen nebenbei € 1463 zu verdienen. Ich brauche nur 8 Minuten dazu.“

Raten Sie mal, was 9 von 10 potenziellen Geschäftspartnern sagen? „Aber klar doch, klingt gut.“

Lassen Sie sich von dieser Summe nicht ins Boxhorn jagen. Ich verfüge über eine einfache, leicht duplizierbare Methode, neuen Geschäftspartnern zu helfen, ihre ersten vier neuen Geschäftspartner zu finden und sie auf die richtige Spur zu setzen. Sie müssen einen 30-Tage-Plan für Ihre Downline entwickeln, mit dem Sie diesen Leuten einen guten Start ermöglichen.

Ich setze mich hin und erläutere meinen potenziellen Geschäftspartnern, wie ich ihnen genau helfen werde, ihre ersten vier Leute zu finden und wie viel sie daran verdienen werden. In diesem Moment mache ich etwas, was in meiner Gruppe ziemlich berühmt geworden ist. Während ich den Leuten den Plan erkläre, kann ich mit fast allen innerhalb von 2 Minuten eine Liste von 15 bis 30 Namen erstellen.

Ich gehe dabei wie folgt vor. Es ist zwar ein wenig schwer zu beschreiben, weil ich das Ganze auf Papier aufzeichne, aber ich will's trotzdem mal versuchen: Ich zeichne meinen Geschäftspartner in einen Kreis ganz oben auf dem Papier und dann vier Kreise darunter, die seine Frontline darstellt. Wenn es bei Ihrem Plan besser wäre, 3, 5 oder 6 Kreise aufzuzeichnen, dann tun Sie das.

Ich frage nun: „Wen würden Sie gern an diese kritischen Stellen platzieren? Es sollten ehrgeizige Leute sein, die mit ihrer derzeitigen Laufbahn unzufrieden sind, gern aktiv werden und neue Dinge mögen, beispielsweise ein neues Auto oder Haus, jemand der gern reist oder ein guter Coach oder Lehrer ist. Kennen Sie solche Leute?“ Ich schreibe den ersten Namen in den ersten Kreis.

Ich wiederhole die Übung, bis alle vier Kreise einen Namen haben. Geduld, junger Jedi-Ritter! Dies könnte in etwa wie ein Zahnarztbesuch sein. Bleiben Sie dran. Dann frage ich, weshalb mein Gegenüber diese Person in diesen Kreis gestellt hat und finde heraus, welchen Beruf der Betreffende hat, in welcher Stadt er wohnt, ob er verheiratet ist oder ledig usw. Diese Informationen benutze ich dann, um dem Gedächtnis auf die Sprünge zu helfen.

Zum Beispiel: „Sie haben sich für John entschieden, weil er Hockey-Trainer ist und ein altes Auto fährt. Kennen Sie noch andere Menschen, deren Kinder Hockey spielen? Haben Sie Verwandte, die Schlittschuhe fahren? Wer fährt sonst noch ein altes Auto in Ihrer Bekanntschaft? Wer fährt den schönsten Wagen? Kennen Sie noch andere Trainer? Kennen Sie Tanzlehrer oder andere Lehrer? Wer sind die Lehrer Ihrer Kinder?“ Usw. usf.

Ich schreibe die Namen, die man mir nennt, auf den Seitenrand des Papiers. Wenn sie bei einer Frage hängen bleiben, gehen wir zur nächsten über. Ich will spontane Namen. Auf diese Weise gehen wir alle vier Firstline-Namen durch. So erhalten wir mindestens 15 oder mehr, die wir nutzen können.
Dann markiere ich die Namen der Menschen,

mit denen mein Gegenüber in den letzten 30 Tagen persönlich gesprochen hat, setze ein Häkchen neben die, die in einem Umkreis von 50 Kilometern wohnen. Das sind die Schlüsselleute, mit denen wir als Erstes reden wollen.

Ich brauche für diesen Teil des Plans nicht mehr als 10 Minuten und habe bereits eine kurze Liste potenzieller Geschäftspartner. Nun gehe ich mit dem Betreffenden durch, was die Vorteile davon sind, auf die richtige Weise loszulegen, einschließlich der nötigen Investitionen. Dann zeige ich ihm die Abende in meinem Terminplan, an denen ich noch frei habe und die ich investieren kann, um ihm dabei zu helfen, das Ziel an seinem Kühlschrank zu verwirklichen. Ich versuche herauszufinden, wie sein Terminplan aussieht und wo die 10 Stunden wöchentlich herkommen sollen. Dabei habe ich ganz effektiv zwei potenzielle Bomben entschärft: die klassische „Ich kenne niemanden“ und die gute alte „Ich habe keine Zeit“. Wir werden schon bald sehen, ob das Ziel am Kühlschrank es wert ist, dafür zu kämpfen. Nachdem das getan ist, bin ich so weit, mich um die Fragen meiner Geschäftspartner zu kümmern. Zu lernen, wie man effektiv mit Einwänden umgeht, ist ein wesentlicher Bestandteil dieser Arbeit. Hoffentlich habe ich ganze Arbeit geleistet, als ich den Rahmen abgesteckt habe, sodass der Großteil der Fragen nicht mehr verhindern kann, dass der potenzielle Geschäftspartner sich auf das Geschäft einlässt.

Wenn Sie wie beschrieben vorgehen, haben Sie einen Hebel in Händen. Denn sich bei den Antworten auf die Einwände und auf die Bedürfnisse der potenziellen Geschäftspartner beziehen zu können und wie Sie ihnen dabei helfen werden, sie sich zu erfüllen, ist der stärkste Hebel, den es gibt. Jetzt müssen Sie nicht die Zutaten, Preise, Prozentsätze oder Ähnliches verteidigen. Alles fällt auf Ihre Geschäftspartner zurück und ob sie bereit sind, 3 bis 5 Jahre lang 10 Stunden wöchentlich zu investieren, um ihre Ziele und Träume zu erfüllen. Sie können beweisen, dass andere in Ihrer Gesellschaft dies schaffen, indem sie dem System folgen. Weshalb nicht auch Ihr Gegenüber?

Ich treffe für gewöhnlich eine kleine Vereinbahrung bezüglich des Papierkrams. Dabei frage ich etwa: „Die Gesamtsumme, die Sie investieren müssen, um dieses Geschäft richtig anzufangen, liegt bei 947,48 €. Wie decken Sie solcherlei Beträge am liebsten, per Scheck oder mit einer Kreditkarte?“ So schließe ich diesen Teil ab.

Dann kommt natürlich die echte Arbeit. Es ist erstaunlich, wie viele Menschen mit einem über jeden Prozentpunkt im Provisionsplan feilschen wollen, es aber nicht fertig bringen, einen Tausender mit der Kreditkarte zu zahlen. Wenn das der Fall ist, nehmen Sie den Terminplaner zur Hand. Denn dann wissen Sie ganz schnell, wie ernst es den Leuten ist. Und wenn Ihr Gegenüber pleite ist, haben Sie sofort einen Hebel in der Hand. Übernehmen Sie die Kontrolle – und zwar sofort.

Machen Sie einen finanziellen Plan, kümmern Sie sich um die 10 Stunden pro Woche, lassen Sie die Leute eine Liste erstellen. Jetzt ist Führungskraft gefragt. Es ist, als kämpften zwei Hunde um ein Revier. Sie sind zu den Leuten ins Haus gekommen und beziehen Stellung. Sie graulen sich an, aber schließlich zeigt Ihr Gegenüber Ihnen den weichen Unterbauch und gibt sich geschlagen und bettelt um eine freundliche Geste.

Glauben Sie mir, mein Freund, wenn ein Erwachsener seinen schwachen Unterbauch zeigt und sagt, er sei pleite, ist das der gleiche Instinkt. Sorgen Sie dafür, dass er sein Gesicht nicht verliert. Zucken Sie einfach die Schultern über die kurzfristigen finanziellen Herausforderungen, und erstellen Sie gemeinsam einen Plan.

Schritt 5: Das Starttraining

Das hatten wir schon mal. Verlassen Sie nie die Wohnung der Leute, ohne ein Starttraining innerhalb der nächsten 48 Stunden zu verabreden. Das ist ganz wichtig. Es kann „der Kater nach dem Kauf“ folgen, Zweifel, ein negativ gestimmter Ehepartner oder Freunde etc. Dies alles kann den Leuten ihren Traum stehlen. Sie müssen rechtzeitig zur Stelle sein, die Wunden verbinden und eine Orientierung bieten.

Dies ist ein hervorragender Moment für ein zweites Nachtpaket oder Ihr Neuer-Geschäftspartner-Kit (oder wie der auch immer bei Ihrer Firma heißt). Achten Sie darauf, dass die Menschen genügend Testimonials bekommen, die ihnen bestätigen, dass sie die richtige Wahl getroffen haben.

Schicken Sie ihnen sofort eine E-Mail, um sie zu der hervorragenden Entscheidung zu beglückwünschen, die sie getroffen haben, und machen Sie ihnen ruhig ein paar Komplimente. Sie werden erstaunt sein, wie gut das funktioniert und wie viel Goodwill das einbringt.

***

Das ist er also, der subatomare Kreislauf des Network-Marketings. Dieser Tanz wird jeden Tag und jede Minute irgendwo auf diesem Planeten getanzt. Dieser Kreislauf in 5 Schritten ist der Kern der Duplikation jedes Network-Marketing-Unternehmens der Welt.

Erfolg in diesem Kreislauf ist eine Folge von Schlichtheit und einem System, das die gesamte Gruppe anwendet und das sich leicht duplizieren lässt. Ein gutes Training grundlegender Fähigkeiten und wesentlicher Glaubenssysteme.

Ich weiß: Sie können es tun und das auch anderen beibringen. Und Sie können es in bedeutend geringerer Zeit schaffen als in den 14 Jahren, die ich dazu gebraucht habe...

Notizen

Kapitel 4

Der Trick beim Geld ist: welches zu haben

(Wie man den Plan präsentiert)

Kapitel 4 - Der Trick beim Geld ist: welches zu haben (Wie man den Plan präsentiert)

Als ich 1987 mit Network-Marketing anfing, blieb ich nicht ganz ein Jahr bei meiner ersten Firma. Ich war Student, pleite und hungrig, und mir war nicht klar, womit ich es eigentlich zu tun hatte.

Aber in dieser Zeit lernte ich einiges über die Produkte (ich war bei einer Firma, die Produkte für die Gesundheitsvorsorge und zum Abnehmen anbot, und das war nicht schlecht, weil ich von der medizinischen Hochschule geflogen war) und wie man Endverbraucher findet; ich lernte eine Menge darüber, wie man Kontakte im kalten Markt knüpft und wie wichtig Events eigentlich sind.

Was ich jedoch nicht gelernt hatte, war, wie man eine effektive 1-zu-1-Präsentation mit dem Ziel der Rekrutierung durchführt. Ich gewann eine Unmenge Großkunden, aber keiner davon konnte andere Leute dazugewinnen. Rückblickend ist mir klar, dass das vor allem mit dem Provisionsplan der Firma und ihrer Geschäftsphilosophie zu tun hatte. Sie war äußerst produktorientiert und brachte einem zwar bei, wie man verkauft und rekrutiert, aber ich lernte dennoch nicht, wie man wirksame Präsentationen macht, auch wenn die Produkte zu den besten ihrer Klasse gehörten.

Das sollte sich alles ändern, als ich 1991 bei einer Wasserfilterfirma landete. Dieses Unternehmen war völlig aufs Rekrutieren ausgerichtet. Ich war zwar immer noch ziemlich grün hinter den Ohren, aber ich lernte schnell, dass es darum ging, Geschäftspartner zu gewinnen. Die Firma hatte ernste moralische und ethische Probleme, wie sich schon bald zeigen sollte – sowohl im Feld als auch im Hauptquartier. Ich blieb nur knappe drei Jahre, was auch kein Wunder war, denn man musste im Monat einen Mindestumsatz von $5000 machen, um überhaupt einen Provisionsscheck zu bekommen. Und das war eine ganze Menge. Ehrlich gesagt ging mir das Ganze ziemlich gegen den Strich. Ich habe die Geschäftsphilosophie nie geschluckt. Und das muss auch vielen anderen so gegangen sein, denn das Unternehmen stürzte in nur 36 Monaten von einem Jahresumsatz von 360 Millionen auf 30 Millionen Dollar ab.

Aber ich lernte, wie man ein Business-Briefing macht, wie man 1-zu-1 präsentiert und wie eine gute Präsentation vor einer Gruppe aussieht. Ich lernte, was man tun und lassen sollte, um im Network-Marketing Erfolg zu haben.

Es sollte immer noch weitere 8 Jahre dauern, bevor ich das Gefühl hatte, wirklich präsentieren zu können – bis es mir in Fleisch und Blut übergegangen war. Ist das erst mal der Fall, dann ist man wirklich frei. Man kann überall hingehen und ein guter Sponsor sein. Man kann einer neuen Firma beitreten und sich sicher sein, dass man es in den nächsten 36 Monaten an die Spitze schafft. Das ist ein fantastisches Gefühl!

Darf ich Ihnen ein paar Gedanken und Überzeugungen zur Präsentation mitteilen?
Als ich erstmals Network-Marketing machte, machte ich eine Präsentation bei einem Typ aus meiner Gruppe, der 4 Freunde eingeladen hatte. Das war ein hartes Publikum! Alle rauchten, einschließlich meines Gastgebers! Einer der Gäste war der fetteste Mann, den ich jemals gesehen hatte. Er sah wirklich aus wie Jabba der Hut aus Starwars und brauchte ein Sofa für sich ganz allein.

Der Gastgeber stand an einem Flipchart, zog tief an seiner Zigarette und machte seine Einführung. Die lief in etwa so:

„Okay, haltet endlich mal die Klappe! Das Gerippe da drüben wird euch fetten Bastarden zeigen, wie man wirklich Kohle macht. Hört

also zu, ihr Verlierer, und macht es ihm nicht zu schwer!“
Bei diesen Worten schob er die Zigarette in den Mundwinkel, grinste mir zu, setzte sich und klatschte. Der Zigarettenqualm kam in sein Auge, und er musste es zukneifen; mit dem verknoteten Gesicht sah er wie ein Dämon aus, der gerade aus der Hölle gekrochen war, um mir das Leben schwer zu machen!

Was für eine Vertrauen weckende Einleitung! Wie konnte ich verlieren, mit solch einer Macht und Autorität?! Ich hätte ihn sofort umbringen sollen…

Ich fing trotz alledem an, und als ich über Gewichtsabnahme redete, fingen alle Teilnehmer an, Jabba zu piesacken, nannten ihn einen fetten Bastard und forderten ihn auf, seine Brieftasche hervorzukramen und mindestens die Hälfte der Firma aufzukaufen. Der Arme: Wer solche Freunde hat, braucht keine Feinde mehr!

Das bringt mich zu Schritt 1 meiner Präsentation in 8 Schritten:

***Ihre Einführung*.**

Ich bringe neuen Geschäftspartnern bei, wie sie mich einführen sollten, um bei potenziellen Geschäftspartnern maximale Glaubwürdigkeit und Vertrauen herzustellen. Je größer meine Glaubwürdigkeit ist, desto leichter kann ich das präsentieren, was ich zu bieten habe. Es klingt wirklich ganz einfach, aber man staunt immer wieder, wie leicht manche Leute das kaputtmachen können.

Ich erinnere mich an eine Präsentation bei einem drahtigen, nervösen Mann aus meiner Gruppe. Er war der Typ, der schon als 12-Jähriger Magengeschwüre entwickelt, wenn Sie verstehen, was ich meine. Er blickte fahrig hin und her und war unruhig und aufgedreht. Er hatte etwa 25 Leute eingeladen, aber nur 4 waren gekommen: seine Frau, seine Mutter, seine Schwiegermutter und sein Schwiegervater.

Er sagte: „Vielen Dank, dass ihr alle gekommen seid. Es freut mich besonders, den Sprecher des Abends vorzustellen. Er hat mir ein ausgezeichnetes Geschäft gezeigt, das uns allen ein zusätzliches Einkommen verschaffen kann, und ich wollte, dass ihr ihn alle kennen lernt. Er ist ein außerordentlich erfolgreicher Geschäftsmann, und ich weiß, ihr wollt alle wissen, was er uns zu sagen hat. Und hier ist er: David Ledoux!“ Er musste nur die Karte ablesen, die ich ihm gegeben hatte.

Sowie er seinen Mund öffnete, wusste ich, dass wir Schwierigkeiten bekommen würden. Er war ganz blass, und seine Hände und Stimme zitterten. Als er zu „Es freut mich besonders“ gekommen war, sagte seine Schwiegermutter: „Er fällt in Ohnmacht!“ – und genau das geschah.

Seine Frau und seine Schwiegermutter schüttelten nur den Kopf. Sein Schwiegervater half ihm sich hinzusetzen, den Kopf zwischen die Beine zu nehmen, und er gab ihm ein Glas Wasser. Ich stellte mich an das Flipchart, wartete, bis das Chaos sich gelegt hatte, stellte mich vor und machte weiter. Der Arme hatte vor Verlegenheit das ganze Meeting lang Tränen in den Augen.

Schritt 1: Ihre Einführung

Schreiben Sie eine kurze Einführung, und bringen Sie dem Gastgeber bei, wie er sie vortragen soll.

Der zweite Schritt entwickelte sich buchstäblich aufgrund meiner eigenen Ängste und Nervosität beim Präsentieren. Obwohl ich nie ohnmächtig geworden bin, habe ich mir doch unzählige Male gewünscht, ich wäre unsichtbar und könnte mich davonstehlen.

Man kann ganz schön nervös werden, wenn alle Augen im Raum auf einen gerichtet sind und der Gastgeber nervös lächelt, weil er meint, sein finanzielles Schicksal hänge davon ab, dass man alle dazu bringt „zu unterschreiben“. Unter solchem Stress vergisst man leicht ein paar Zeilen des Drehbuchs, das man für diesen Moment entwickelt hat. Also bringe ich meinen Rekruten bei, Folgendes zu sagen:

„Hallo, ich heiße Bill Jackson. Ich bin ganz aufgeregt, dass ich Ihnen etwas über dieses wunderbare Geschäft erzählen darf. Da ich ziemlich neu bin und weil ich heute Abend mein Bestes geben will, hoffe ich, dass es Ihnen nichts ausmacht, dass ich meine Notizen verwende – dann vergesse ich auch nichts.“

An diesem Punkt angelangt greift Bill in die Jackentasche und holt die restlichen 7 Karteikarten hervor (er hält Karte 1 mit der obigen Einleitung bereits in der Hand. Denken Sie daran, dass er sie Ihnen später zurückgibt). Ab und zu mal sagt jemand aus dem Publikum an dieser Stelle: „Das ist aber nicht ehrlich!“ oder etwas Ähnliches. Grinsen Sie einfach, nicken Sie, und machen Sie weiter.

Jetzt klopft Ihr Herz nicht mehr mit gefährlichen 220 Schlägen die Minute, sondern hat sich auf hantierbare 180 Schläge gesenkt. Jetzt ist nicht der Moment, die Leute in Staunen zu versetzen; fangen Sie also mit einem bekannten, angenehmen Thema an. Wie wäre es mit Ihnen selbst?

Schritt 2: Erzählen Sie Ihre Geschichte

Erzählen Sie Ihre Geschichte, und zwar gezielt. Es geht dabei darum, einen guten Draht zum Publikum zu bekommen und ein funktionierendes Beispiel für die Übung im Dream-Building von Schritt 3 abzugeben.

Dieser Schritt hat wesentliche Bedeutung. Ich brauchte viele Jahre dafür, das zu entdecken. Indem ich meine eigene Geschichte auf eine ganz bestimmte Weise erzähle, bereite ich den Boden dafür, dass mir das Publikum seine unerfüllten Wünsche mitteilt. Dazu musste ich den Leuten erst meine eigene anvertrauen und ihnen so vermitteln, es sei in Ordnung, die ihrige preiszugeben. Statt das Ganze weiter zu erklären, gebe ich hier den Wortlaut wieder, den ich bei einer Präsentation benutzt habe. Bedenken Sie, dass ich die Geschichte entweder auf einem Blatt Papier oder auf dem Flipchart illustriere.

„Meine Damen und Herren, es ist tatsächlich ein Privileg, Ihnen heute Abend etwas über dieses Geschäft erzählen zu dürfen. Am besten fange ich wohl damit an, wie ich erstmals von dieser Firma hörte.

Im September 1994 war ich 26 Jahre und wohnte in einem 200 qm großen Appartement in Toronto, das mich monatlich 1200 Dollar kostete. Ich fuhr einen zweifarbigen Van. Ich sage zweifarbig, weil er blau war und außerdem ziemlich rostig. (Pause für Gelächter.) Ich hatte ihn bei einer Auktion der Bundesbehörde erworben.

Ich musste jeden Morgen um Viertel vor sechs aufstehen, ganz egal, wie großartig ich geträumt hatte oder wie müde ich noch war. Ich musste aufstehen. Ich sprang schnell unter die Dusche und schnappte mir auf dem Weg zur Tür etwas zu essen. Meistens war das ein Rest Pizza vom Vorabend. Ich fuhr gemeinsam mit all den glücklichen Leuten, die in aller Herrgottsfrühe aufstehen müssen, im Fahrstuhl in die Kellergarage und startete meinen alten Van. Dann fuhr ich mit maximal 5 Stundenkilometer durch den Berufsverkehr zur Arbeit und saß 9 Stunden lang hinter meinem Schreibtisch, wo ich mir die Probleme anderer Leute anhörte. Auf der gleichen Kriechspur ging's dann wieder nach Hause, und ich dachte darüber nach, was ich zu Abend essen wollte.

Das machte ich jeweils 5 Tage lang, und am 5. Tag gab mir mein Chef immer einen Umschlag. Im Umschlag war ein Scheck und ein Zettel, auf dem stand, wie unglaublich viel Geld er mir abgezogen hatte für Steuern; Steuern für Sachen, von denen ich überhaupt nichts hatte. Ich kann mich noch genau an einen Freitag erinnern, kurz nach meinem 26. Geburtstag. Ich setzte mich erschöpft auf meine alte Couch und hielt den Umschlag ans Licht. Ich fragte mich: „Ist es das wirklich wert?“ Denn es kam mir in den Kopf, dass das noch 39 Jahre so weitergehen würde, bis zu meiner Rente.

Das alles änderte sich, als ich heiraten wollte. Sind hier heute Abend verheiratete Männer? Haben Sie schon mal das Gerücht gehört, dass zwei für das gleiche Geld zusammenwohnen können wie einer allein? Das ist nur wahr, wenn einer von beiden aufhört zu essen! (Pause)

Ich fing an, die Kosten einer Hochzeit zu kalkulieren. Mir fehlten nur noch 15.000 Dollar. Ich sagte: „Ich habe gute Nachrichten, Liebling. Wir können es uns in etwa 11 Jahren leisten zu heiraten!“ Das sah sie natürlich ganz anders.

Am Freitag, den 4. November 1994, ging ich zu meinem Chef und bat ihn um eine Gehaltserhöhung. Ich werde diesen Tag nie vergessen, denn er veränderte mein Leben. Ich hatte meinen Chef zum Essen eingeladen und Wochen lang geprobt, was ich ihm sagen wollte. Er bestellte sich Chicken-Wings und Pommes Frites und aß sie, während ich ihm erzählte, wie loyal ich war und dass ich die Arbeit von drei Leuten erledigte, und dass ich, wenn er mein Gehalt um jährlich 10.000 Dollar erhöhte, den Rest meines Lebens bei ihm arbeiten würde.

Während meiner ganzen Rede nickte er zustimmend. Am Ende nahm er einen Hühnerflügel aus dem Mund und benutzte ihn als verlängerten Zeigefinger. Er war ganz und gar meiner Meinung, meinte er, ich hätte wirklich eine Gehaltserhöhung verdient. Dann kam das Wort mit 4 Buchstaben, Anfangsbuchstabe ‚A‘, das mein ganzes Leben ändern sollte.

„ABER David, die Zeiten sind schwer. Niemand bekommt dieses Jahr eine Gehaltserhöhung. Aber wenn es wieder so weit ist und der Betrieb es hergibt, stehst du ganz oben auf meiner Liste.“
Er dankte mir für das Mittagessen, stieg in seinen Porsche und fuhr davon…

An dem Tag habe ich mir geschworen, mich von Gehaltsschecks unabhängig zu machen. Das ganze Wochenende saß ich da und überlegte mir, wie ich das anstellen und trotzdem genug Geld verdienen könnte, um meiner Verlobten das Leben zu geben, das ihr zustand.

Mein Glück war, dass die Antwort auf meine Frage am nächsten Montag, nachdem ich mich an meinen Arbeitsplatz geschleppt hatte, auf meinem Schreibtisch lag. Eine Dame von der Westküste – das sind 5000 Kilometer entfernt – hatte mir ein 10-seitiges Fax geschickt, das mein Leben revolutionieren sollte. Komisch war, dass ich diese Frau nie persönlich getroffen hatte, sondern sie über Telefongespräche von der Arbeit kannte.

In dem Fax ging es um einen berühmten Wissenschaftler, der eine Forschungsfirma gegründet hatte und jetzt den Vertrieb seiner Produktlinien erweitern wollte. Ein hervorragender Marketing-Spezialist aus Kalifornien leitete diese Erweiterung, und ich fand das Ganze faszinierend. Ich nahm Kontakt mit der Dame auf, die mir das Fax geschickt hatte und sagte ihr, ich sei daran interessiert und wolle mehr wissen.

Im Laufe der nächsten Wochen studierte ich die Informationen über die Firma, die Herstellung und das Provisionsprogramm. Schließlich traf ich einen der aufsteigenden Stars der Organisation. Wir setzten uns zusammen, und er erklärte mir die Feinheiten der ganzen Sache.
Er sagte: „David, wenn du in diesem Geschäft gut bis, wirst du zweierlei haben: mehr Zeit und mehr Geld. Worüber möchtest du als Erstes reden?“

Das brachte mich ziemlich durcheinander. Ich hatte eine technische Geschäftspräsentation erwartet. Er nahm ein Blatt Papier und einen Stift zur Hand und schaute mich an. Ich fragte ihn, was er damit sagen wollte.

Er antwortete: „Wenn ich dir einen Weg zeigen soll, wie du ein besseres Leben führen kannst, muss ich wissen, dass du das auch willst. Wenn du mehr Zeit und Geld hättest, was würdest du ändern? Mit wem würdest du mehr Zeit verbringen und mit wem weniger; was würdest du anders machen?“

Ich sagte schnell: „Das ist eine leichte Frage. Ich würde weniger arbeiten. Ich würde mich selbstständig machen und eine eigene Firma gründen.“

Er zeichnete einen großen Kreis auf die obere linke Seite des Blattes. (Das mache ich nun auch auf dem Flipchart.) Er schrieb ZIELE in diesen Kreis. (Auch dies tue ich nun.) In den Kreis schrieb er: „SELBER CHEF SEIN.“ (Immer, wenn es nun in der Geschichte heißt „er schrieb“, dann tue ich es auch auf dem Flipchart.)

Er sagte: „Gut. Wenn du dein eigener Chef bist, wird deine Frau dann ihren Job behalten?“

Das war ein schwacher Punkt bei mir. Meine Verlobte musste genauso früh aufstehen wie ich, und obwohl ich es schön gefunden hätte, wenn sie zu Hause hätte bleiben können, musste sie doch arbeiten gehen, weil wir ein zweites Einkommen brauchten. „Keinesfalls; wenn ich genug Geld hätte, könnte sie zu Hause bleiben.“ Er schrieb das in den Kreis.

Er fragte mich nun: „Wenn du genug Geld hättest, würdest du dein jetziges Auto weiterhin fahren?“
Da musste ich laut lachen. „Aber nicht doch, ich will einen Wagen, der auch bei schlechtem Wetter sofort anspringt und weniger Sprit braucht.“

Er machte sich bereit, in den nächsten Kreis zu schreiben. „Wenn Geld kein Problem wäre, welches Auto würdest du fahren?“

Ich meinte: „Keine Ahnung. Vielleicht einen Passat.“

„Welche Farbe?“

„Schwarz.“

„Sonnendach?“

„Klar.“
„Heizbare Sitze?“

„Selbstverständlich!“

Er notierte das Ganze in den Kreis.

„Wenn Geld kein Problem wäre, würdest du auch weiterhin in deiner jetzigen Wohnung bleiben?“
„Ich würde auf Dauer gern ein Haus für meine Verlobte und mich kaufen.“
„Was für eins?“
„Weiß nicht.“
„Wenn du es nicht weißt, wie willst du dann wissen, dass es das Richtige wäre, wenn du eins findest?“
„Weiß nicht, na ja, 5 Schlafzimmer und auf dem Land mit Swimmingpool.“
„Große oder kleine Küche?“
„Große, und ein Billard im Hobbyraum und jemand, der den Rasen mäht!“
„Ausgezeichnet. Jetzt kommen wir weiter.“

Wir machten diese Übung etwa 10 Minuten lang. Wir redeten darüber, dass ich eines Tages eine Kreuzfahrt in der Karibik machen wollte. Wir redeten über die Möbel für das Haus und darüber, welche guten Zwecke ich unterstützen wollte. Das war ein schwacher Punkt bei mir. Ich konnte es mir nicht mehr leisten, ein Pflegekind zu unterstützen. Und wir redeten über die Rente, über das Studium der Kinder, die meine zukünftige Frau und ich

haben wollten, über die Freizeit, die ich mit meiner Familie verbringen wollte. Und jedes Mal, wenn ich etwas sagte, schrieb er es in den Kreis. Und schließlich war ich ganz erfüllt von dem Leben, das ich mir immer gewünscht hatte, mir aber einfach nicht leisten konnte.
Dann schrieb er oben an die rechte Seite 40 Stunden und fragte mich: „Arbeitest du 40 Stunden die Woche?"

Ich sagte, dass es wohl eher 60 Stunden wären. Er korrigierte die Zahl.

Er sagte: „Was ich hier zeichnen will, ist ein Kreis, der dein derzeitiges Einkommen aus deinem Job darstellt, und zwar in Bezug auf all die Ziele, die du eigentlich in deinem Leben erreichen willst. Soll ich ihn so groß wie eine Grapefruit, eine Pflaume oder Rosine zeichnen – oder möchtest du ihn lieber selber zeichnen?"

Ich nahm den Stift und dachte an die Lohnerhöhung, die ich nicht bekommen würde, die Hochzeit, die ich nicht bezahlen konnte und dass ich mir nicht das Auto kaufen konnte, das mir gefiel, oder das schöne Haus. Ich schaute mir den Kreis mit all den Dingen an, die ich gern hätte, mir aber nicht leisten konnte und sagte: „Ich weiß nicht, wie man einen klitzekleinen Kreis zeichnen soll, also stellt dieser Punkt das Einkommen dar, das ich jetzt verdiene in Bezug auf all das, was ich im Leben will."

Er lächelte mich voller Mitgefühl an und fragte: „Könntest du das Leben führen, das du eigentlich führen willst, wenn du die nächsten 40 Jahre 60 Stunden die Woche arbeitest?"

Ich antwortete: „Auf keinen Fall. Das wird nie was."

Er lächelte erneut und nahm den Stift wieder. Er fing an, eine Reihe gepunktete Kreise um meinen zentralen Punkt zu zeichnen als wäre es eine Zielscheibe.

„Was ich dir vorschlagen möchte, ist, dass du dich unserem Team anschließt und dein eigenes Geschäft von zu Hause aus anfängst. Du könntest die nächsten 3 bis 5 Jahre in deiner Freizeit 10 Stunden die Woche mit uns zusammenarbeiten. Die konzentrischen Kreise stellen das Nebeneinkommen dar, das du in diesem Geschäft verdienen kannst. Im ersten Jahr ist es nur ein kleines bisschen. Aber in etwa zwei Jahren kannst du deinen derzeitigen Job an den Nagel hängen, und in 5 Jahren kannst du dir alles leisten, was dort drüben in dem Kreis mit deinen Wünschen und Zielen steht - und hast außerdem die Zeit und die Freiheit, das alles zu genießen."

Er legte den Stift hin, schaute mir in die Augen und sagte: „David, ist der Gedanke, die nächsten 3 bis 5 Jahre in deiner Freizeit nebenbei 5 bis 10 Stunden in der Woche zu arbeiten, um die völlige finanzielle Unabhängigkeit zu erreichen, für dich interessant genug, dich näher mit unserem Geschäft zu befassen?"

Ich bin mir nicht sicher, ob mir die Kinnlade runterfiel oder nicht, aber mir blieb auf jeden Fall die Spucke weg. Ich nickte einfach zustimmend. Er sagte „Gut!" und nahm dann ein leeres Blatt...

„Liebe potenzielle Geschäftspartner, was ich heute Abend mit Ihnen tun will, ist das Gleiche, was derjenige getan hat, der mich in dieses Geschäft eingeweiht hat. Dieser Kreis stellt Ihre persönlichen Ziele dar. Wenn Sie gut in diesem Geschäft sind, bekommen Sie zwei wichtige Dinge: mehr Zeit und mehr Geld. Worüber möchten Sie als Erstes reden?"

***

Nun, was meinen Sie? (Das lässt sich schriftlich nicht allzu gut erklären. Deshalb haben wir ein Video gemacht, damit wir endlosen Generationen neuer Geschäftspartner beibringen können, wie man diese Übung gut durchzieht.)

Und es gilt natürlich: Übung macht den Meister. Sie werden Zeit brauchen, um Ihre persönliche Geschichte so zu gestalten, dass sie optimal funktioniert (Bitte kopieren Sie meine nicht!). Worauf achte ich bei einer Präsentation vor einzelnen oder mehreren Menschen? Wenn Sie anfangen, werden viele Menschen Sie anstarren und die Arme über ihrer Brust verschränken. Ich benutze immer farbenfrohe Wortbilder, um ihr visuelles Vorstellungsvermögen zu involvieren. Ich achte darauf, dass sie sich langsam entspannen, dass sie die Arme fallen lassen, ihr Kopf sich nach rechts neigt und sie in die Ferne blicken. Wenn das geschieht, weiß ich, dass mein potenzieller Geschäftspartner in einem visuellen Zustand ist und häufig mehr an die eigenen Ziele denkt, als mir zuhört. In solch einem Zustand entsteht echter Kontakt, und der skeptische Teil des Gehirns öffnet sich dem, was man sagt. Gehen Sie nicht von Schritt 2 auf Schritt 3 über, bevor das geschehen ist.

In der Vergangenheit habe ich bei Präsentationen zu oft weitergemacht, bevor der richtige Kontakt hergestellt war. Das erzeugt Widerstand gegen Ihre Botschaft.

Jetzt, nachdem Sie Schritt 2 vollzogen haben, haben Sie hoffentlich echten Kontakt hergestellt und den Leuten ein funktionierendes Beispiel dafür gegeben, was Sie bei ihnen bewirken wollen.

Schritt 3: Dream-Building

Wenn Ihnen der Name „Dream-Building" nicht gefällt, nennen Sie ihn doch einfach „Bedürfnisanalyse" oder „Zielsetzung" oder irgendetwas anderes. Es geht darum, unerfüllte Schlüsselbedürfnisse aufzudecken, die sich in Ihrem Gegenüber angestaut haben.

Ich kann nicht genug hervorheben, wie wichtig dieser Schritt ist. Ich habe das früher nicht gemacht. Ich wusste nicht, wie, und schlimmer noch: Ich verstand nicht, weshalb ich ihn machen sollte. Sie werden nie Ihr volles Rekrutierungspotenzial erreichen, bis Sie den Leuten nicht kompetent zeigen können, wie sehr die Tretmühle sie schon betäubt hat. Die Träume, die die meisten Menschen gehegt haben, wurden schon vor langer Zeit erdrückt.

Niemand wird je Ihr Angebot annehmen, es sei denn, er kann sich damit einen unerfüllten Wunsch verwirklichen und betrachtet Network-Marketing als Lösung für seine Bedürfnisse.

Bei Schritt 3 investieren Sie etwa 10 Minuten mit dem potenziellen Geschäftspartner. Dazu braucht man Übung! Lassen Sie ich keinesfalls frustrieren, denn dann wird auch Ihr Geschäftspartner frustriert sein.

Es muss Ihnen außerdem Spaß machen. Wenn Sie vor mehreren Menschen präsentieren, sollten Sie alle dazu bewegen, etwas zu sagen. Es ist meine Erfahrung, dass die Leute, die am wenigsten sagen, meistens auch diejenigen sind, die nicht beitreten werden.

Lassen Sie sich von niemandem dazu bringen, diesen Teil zu überspringen. Ich habe harte, analytisch gepolte Menschen getroffen, die meinten: „Ich habe diesen Schwachsinn schon häufiger gemacht. Lass uns zu den Zahlen kommen!" Ich würde lieber meinen Kram zusammenpacken, als das zu tun.

Was mich auf einen weiteren wichtigen Punkt bringt.

Sie haben gerade die zweite Serie Kreise gezeichnet, mit denen Sie erläutern, wie das Einkommen die nächsten 3 bis 5 Jahre steigt, und dann stellen Sie die wesentliche Frage: „Ist der Gedanke, die nächsten 3 bis 5 Jahre in Ihrer Freizeit nebenbei 5 bis 10 Stunden in der Woche zu arbeiten, um die völlige finanzielle Unabhängigkeit zu erreichen, für Sie interessant genug, sich näher mit unserem Geschäft zu befassen?"
SAGEN SIE JETZT NICHTS MEHR! Auch wenn das Schweigen wie eine Tonne Stahl auf Ihnen lastet: Sagen Sie kein Wort mehr! Falls

der potenzielle Geschäftspartner irgendetwas anderes als „Ja" sagt, legen Sie Ihre Visitenkarte auf seinen Tisch, und sagen Sie in etwa:
„Herr potenzieller Geschäftspartner, ich bin auf der Suche nach Menschen, die mehr vom Leben erwarten. Wenn Ihnen klar wird, dass Ihre derzeitigen Einnahmequellen Sie nicht dorthin bringen, rufen Sie mich an."
Stehen Sie auf, und gehen Sie.

Das meine ich wirklich ernst. In diesem Geschäft geht es um eine Haltung, die unsere Überzeugungen widerspiegelt. Statt zwei weitere Stunden auf den Versuch zu verschwenden, den Betreffenden von Ihrem großartigen Plan und Ihren Produkten zu überzeugen, sollten Sie lieber gehen. Sie suchen nach unzufriedenen Menschen mit dem leidenschaftlichen Verlangen, ihr Leben zu ändern.

Manchmal werden diese Leute Sie dann bitten, doch zurückzukommen. Ein andermal zünden sie sich eine Zigarette an und schalten den Fernseher ein, um Fußball zu gucken. Dann haben Sie nur 20 Minuten investiert und gehen wieder Ihrer Wege, statt sich zwei Stunden lang mit Unwilligen herumzuschlagen.

Bei offenen Menschen sollten Sie sehr genau darauf achten, was geschieht, wenn Sie ihren Traumkreis ausfüllen. Sie sind auf der Suche nach Wünschen und Zielen, bei denen ihre Augen zu leuchten beginnen, die sie anregen und begeistern – ganz offensichtlich wichtige Träume. Sie werden es auf Anhieb erkennen. Das kann ein Auto sein oder ein bestimmter Ort, an den sie reisen wollen, etwas, das sie bauen oder kaufen, sehen oder tun möchten. Das kann buchstäblich alles sein. Es ist wichtig, diese Übung so lange zu machen, bis Sie dieses Leuchten sehen, und Sie sollten sich merken, was es ausgelöst hat.

Der Grund dafür ist nämlich, dass Sie den Betreffenden bei der Follow-up-Verabredung wirklich ins Staunen versetzen können, wenn Sie ein Bild von seinem Traum mitbringen und es an seinen Kühlschrank kleben!

Auf diese Weise schaffe ich den Übergang zu Schritt 4: eingefahrene wirtschaftliche Gleise. Der potenzielle Geschäftspartner hat seinen Wunsch bestätigt, dass er mehr über dieses Geschäft erfahren möchte, und wir haben inspirierende Arbeit mit den Traumkreisen geleistet. Ich sage nun: „Herr potenzieller Geschäftspartner, ich war genau wie Sie. Ich wollte mehr über dieses Geschäft in Erfahrung bringen. Und ich war ein wenig verbittert. Meine Lehrer hatten mir gesagt, ich sollte zur Schule gehen, hart arbeiten und eine gute Ausbildung machen. Dann fing ich an, bei einer Firma zu arbeiten, und ich arbeitete wirklich hart. Sie erzählten mir, dass man so in der Welt vorankommen würde. Aber der Mensch, der mich in dieses Geschäft einweihte, erklärte mir, dass meine Chancen nicht gut waren. Er zeigt mir, was man eingefahrene wirtschaftliche Gleise nennt und wieso diese dafür sorgen würden, dass ich nicht weit kommen würde…"

Schritt 4: Eingefahrene wirtschaftliche Gleise

In diesem Schritt erklären Sie den Leuten, weshalb die meisten Menschen, die Zeit gegen Geld tauschen, es in der heutigen Wirtschaft auf keinen grünen Zweig bringen. An dieser Stelle ist ein Propaganda-Ordner wertvoll. Der Propaganda-Ordner ist voller Artikel, Geschichten, Schlagzeilen und Zeitschriftenumschlägen, die Ihre Position untermauern. Ich verwahre dort Artikel über Entlassungen, Statistiken über die Rezession und wirtschaftliche Daten zum Thema Altersvorsorge etc. Die stecken bei mir in Plastikhüllen, damit ich sie bei meiner Präsentation benutzen kann.

Wenn ich über eingefahrene wirtschaftliche Gleise spreche, dann anhand dreier wichtiger Punkte:

- Dass Jobs wegen allgegenwärtiger Rationalisierungen und Entlassungen keine Sicherheit mehr bieten.
- Die Folgen der Überschuldung von Konsumenten.
- Was es bringt, Geld für die Rentenaufbesserung zu sparen.

Wenn ich 1-zu-1 präsentiere, brauche ich für diesen Schritt höchstens 5 Minuten, bei Gruppen ein bisschen länger. Man kann viel Spaß dabei haben und diesen Teil sehr interaktiv gestalten. „Wer kennt Menschen, denen in den letzten drei Jahren gekündigt wurde? Heben Sie bitte die Hand."

„Wer im vergangenen Jahr in den USA Pleite gemacht hat, hatte im Schnitt 11 Kreditkarten und über $7000 Schulden. Kennt hier jemand Menschen, denen ihr Kredit gekündigt wurde, vielleicht sogar ganz persönlich?"

„Wenn Sie 45 Jahre alt sind, wie viel müssen Sie dann ansparen, um eine normale, mittlere Rente bei der Pensionierung zu haben? Wie viele hier glauben, das sind über 1 Million Euro? Rentenplaner meinen, man müsse dafür mindestens 2 Millionen gespart haben. Liegen bei jemandem hier irgendwo 2 Millionen auf einem Konto rum?"

„7 von 10 Senioren haben weniger als € 5000 auf der hohen Kante. Reicht ihnen eine Rente von € 425 monatlich?"

„Es ist nicht einfach, für den Altersruhestand zu sparen. Wie fühlen sich wohl all die Leute, die ihr ganzes Geld in neuen Technologie-Aktien angelegt haben, bevor die Blase geplatzt ist?"

Sie sollten unbedingt Fragen stellen. Ich brauchte lange Zeit, bevor ich das gelernt hatte. Ich hatte Angst, dass ich, wenn ich zu reden aufhörte, die Kontrolle über den weiteren Verlauf verlieren würde. Aber wenn Sie Fragen stellen, stärken Sie den Kontakt und das Engagement potenzieller Geschäftspartner.

Das Ziel von Schritt 4 ist es, den Leuten bewusst zu machen, wie unsicher ihr Arbeitsplatz ist, dass die Schuldenlast steigt und dass man seine Rente nur sichern kann, wenn man eine neue Einkommensquelle findet.

Schritt 5: Die Lösung

Betrachtet man die Traumkreise als etwas Angenehmes, dann sind die eingefahrenen wirtschaftlichen Gleise die Hölle, und Schritt 5 ist das Pflaster, mit dem man diesen Schmerz beendet und wieder Freude findet. „Wie lautet die Lösung für die Unsicherheit, Angst und den Schmerz eingefahrener wirtschaftlicher Gleise? Das bringt man Ihnen weder in der Schule noch auf der Uni bei. Diese Lösung ist das best gehütete Geheimnis der Reichen und Betuchten im Lande. Bis heute.

Die Lösung hat zwei Elemente. Die erste lautet: SCS – Selber Chef sein. Auch wenn es anfangs nur eine Nebentätigkeit ist, so können Sie doch jeden Morgen aufstehen, in den Spiegel sehen und dem Vorstandsvorsitzenden Ihres Lebens einen Guten Tag wünschen.

Aber selber Chef zu sein, reicht nicht. Wenn Sie ein angenehmes Leben führen und genügend Zeit und Freiheit haben wollen, um es zu genießen, brauchen Sie Element Nummer 2: Hebelwirkung oder Maximierung.

Was ist Hebelwirkung, und weshalb ist es das Geheimnis der Betuchten und Reichen? Sie erlaubt es Ihnen, ein Mal zu arbeiten und für diese Leistung auch in Zukunft weiterhin bezahlt zu werden. Statt Zeit gegen Geld einzutauschen, verschafft die Hebelwirkung Ihnen eine Art Tantieme, wie sie auch Filmstars, Autoren und Musiker bekommen. Sehen Sie sich Elvis mal an. Er lebt zwar schon lange nicht mehr, und dennoch haben seine Erben im letzten Jahr über 10 Millionen Dollar verdient. Kennt jemand von Ihnen einen Mann namens Bill Gates?

Bill Gates ist ein hervorragendes Beispiel für Hebelwirkung. (Ich zeichne ein kleines lachendes Gesicht oben auf ein Blatt Papier und darunter eine riesige Pyramide.) Das ist Bill. Er steht an der Spitze einer riesigen Pyramide namens Microsoft.

Unter ihm sind Vizevorsitzende, jede Menge Manager auf verschiedenen Ebenen, Chefsekretäre und –sekretärinnen, regionale, nationale und internationale Manager, Programmierer und Packer. Insgesamt arbeiten über 25.000 Menschen mindestens 40 Stunden die Woche für ihn. Bill bekommt seinen Anteil von über EINER MILLION Arbeitsstunden wöchentlich, und das jede Woche.

Und da bin ich. Ich arbeite 40 Stunden die Woche, 50 Wochen im Jahr und bekomme wegen Wohlverhaltens jährlich 2 Wochen frei. Das nennt sich Urlaub. Ich musste nur noch 40 weitere Jahre arbeiten, bis ich mich zur Ruhe setzen konnte. In meinem Leben würde ich meinem Chef 80.000 Stunden widmen. Sogar wenn ich nur 12 Dollar die Stunde verdient hätte, würde ich in meinem ganzen Leben etwas mehr als eine Million verdienen, würde aber bei der Pensionierung ziemlich pleite dastehen und hätte durchschnittlich noch 3 ½ Jahre zu leben, bevor ich verarmt ins Gras beißen würde.

Der Mann, der mich in dieses Geschäft einweihte, machte mir sehr deutlich, dass ich, wenn ich jemals finanzielle Fortschritte machen wollte, ich mein eigener Chef werden musste und einen maximierten Einkommensstrom erzeugen musste. Ähnlich wie Bill Gates.

sich Network-Marketing nennt. Was ist Network-Marketing? Es ist ein System, Produkte oder Dienstleistungen, von denen man überzeugt ist, an Menschen zu verkaufen, die einem am Herzen liegen. Eigentlich betreibt jeder Mensch Tag für Tag Network-Marketing, nur wird er dafür nicht bezahlt. Er fragte mich also: „David, möchtest du gern herausfinden, wie du für etwas bezahlt wirst, was du bereits machst?“ Ich sagte: „Ja.“
Herr potenzieller Geschäftspartner, waren Sie schon jemals in einem guten Restaurant? Haben Sie das schon mal einem Freund empfohlen? Haben Sie vom Restaurantbesitzer dafür einen Provisionsscheck erhalten als finanzielles Dankeschön, dass Sie ihm Kunden gebracht haben?

Mit Filmen machen wir es genauso. Hat jemand von Ihnen schon mal einen Provisionsscheck von George Lucas oder Steven Spielberg bekommen, weil er Jurrasic Park, Indiana Jones, ET oder Starwars weiterempfohlen hat? Wie wäre es mit den Pizzas oder Getränken, die Ihre Freunde gekauft haben?

Woher stammt das Geld im Network-Marketing? Nehmen wir Sportschuhe als Beispiel. Hat jemand hier Kinder? Wie viel kosten ein paar Sportschuhe von Nike?
€ 100 . Okay, also: Kostet der Schuh € 99 in der Herstellung?

Nein, die Schuhe werden irgendwo in Asien für 3 bis 4 Euro pro Stück hergestellt. Dann werden sie auf einen Lastwagen geladen und zum Hafen gefahren, wo sie auf ein riesiges Schiff verladen werden. Das kostet Geld. Dann legt das Schiff im Zielhafen an, und die Schuhe werden von anderen Lastwagen in riesige Warenlager verfrachtet. Dort werden sie auf andere Laster umgeladen, die sie zum örtlichen Schuh- oder Sportladen fahren, zu Wal-Mart beispielsweise.

Waren Sie schon mal in einem Wal-Mart? Steht bei Ihrem Wal-Mart auch ein Mann in einer blau-goldenen Weste? Bei meinem steht einer. Er heißt Harry und begrüßt die Kunden. Ist das ein Freiwilliger, ein Rentner, der eines Morgens wach wurde und dachte, er würde gerne Leute vor einem Supermarkt begrüßen? Natürlich nicht. Er bekommt ein Gehalt, und das steigert die Kosten weiter.

Wird Ihr Wal-Mart geheizt, hat er Airconditioning im Sommer, Licht und Strom? Meiner auch. Schaltet Wal-Mart Anzeigen und macht Werbung im Fernsehen? Aber klar doch. Und wie bewegt man Sie dazu, Nike Sportschuhe zu kaufen? Haben Sie schon mal Sportler mit solchen Schuhen gesehen. Und, treibt das die Kosten der Schuhe in die Höhe?

Unsere Firma jedoch nimmt dieses Geld und gibt Ihnen und mir einen Teil davon, statt die Hälfte des Erlöses für Werbespots, Sportstars und Werbebanner im Stadion und für traditionelles Marketing auszugeben, und zwar in Form von Provisionen und Bonussen dafür, dass wir Menschen dazu bringen, etwas von der Firma zu kaufen. Sie und ich verdienen diese Provision, weil wir unabhängige Geschäftspartner sind, selbstständige kleine Unternehmer.

Als Nächstes würde ich gern die Vorteile mit Ihnen besprechen, die diese Geschäftsform uns bringt…

Schritt 6: Die Vorteile

In diesem Schritt behandele ich die wichtigsten Vorteile unserer Branche, einschließlich:
Die wichtigsten Vorteile, die es gibt, unabhängiger Vertriebspartner zu sein:

- Stärke des Mutterhauses
- Die wichtigsten Produktlinien
- Das Training durch die Upline und das System der Förderung

Dabei ist es wichtig, über Vorteile und nicht über Eigenschaften zu reden. Worin der Unterschied liegt?

Am besten erkennt man das, wenn man sich fragt, was man davon hat. Zum Beispiel:

„Das Unternehmen ist 7 Jahre alt." Der potenzielle Geschäftspartner denkt: „Na und?"
„Es ist beruhigend zu wissen, dass unsere unternehmerischen Aktivitäten von einem stabilen Unternehmen unterstützt werden, das bereits 7 Jahre Erfahrung in der Branche hat."
Der Unterschied liegt auf der Hand, nicht wahr? Das ist wichtig. Man braucht Übung, um Vorteile statt Eigenschaften zu vermitteln. Das Gehirn potenzieller Geschäftspartner denkt an Vorteile, weil es Ihre Worte interpretiert und sich fragt: „Wird mir das helfen, meine Bedürfnisse zu befriedigen?"

Zu den Vorteilen eines unabhängigen Geschäftspartners gehört:

- Eine geringe Anfangsinvestition
- Keine Arbeitnehmer, die einem Kopfschmerzen bereiten
- Kein Inventar, und somit kein ‚totes Kapital'
- Keine territorialen Einschränkungen, die Ihre Expansion behindern könnten
- Kein Verlust der Freiheit durch geregelte Arbeitszeiten und keine Verkaufsquoten
- Keine Obergrenze beim Einkommen
- Keine Voraussetzungen, was Rasse, Geschlecht oder Bildungsniveau betrifft
- Keine monatlichen Franchisegebühren, die den Gewinn schmälern

Ich bin mir sicher, dass Ihnen noch weitere Vorteile einfallen. Wenn Sie über das Mutterhaus sprechen, dann schläfern Sie Ihre Zuhörer nicht mit dem Bildungsstand der Gründer ein. Nennen Sie die wichtigen Punkte, die als Vorteile betrachtet werden können, wie die finanzielle Stabilität, das Wachstumspotenzial und die Stärken des Managements.

Wenn es an der Zeit ist, über die Produkte zu sprechen, dann ist es das Beste, über die wesentlichen Produktlinien und ihre Wirtschaftlichkeit zu reden. Statt die pflanzlichen Inhaltsstoffe Ihres Diätproduktes zu nennen, reden Sie über den enormen, wachsenden Markt von Menschen mit Gewichtsproblemen, über die Frustrationen von Menschen, die auf eine Hungerdiät gehen, die Markentreue und was zufriedene Kunden weitersagen usw.

An dieser Stelle könnten Sie ein paar kurze Testimonials zufriedener Kunden einflechten, die vielleicht im Publikum sitzen, oder Sie zeigen eine Zeitschrift des Unternehmens, in dem solche Aussagen stehen.

Ich rede meist weit mehr über die Unterstützung und das Training, das einem das Unternehmen zur Verfügung stellt, als über die Firma und das Produkt. Die meisten Leute haben Angst. Alles sieht so weit ganz gut aus, aber sie sind keine Verkäufer, und ihr Kopf ist voller Missverständnisse darüber, wie man dieses Geschäft betreibt. Diese Zweifel blockieren das Gehirn, um die Daten als Lösung für die eigenen Bedürfnisse zu betrachten. Ich versuche diese Zweifel zu entkräften, indem ich den Leuten versichere, dass sie nicht allein dastehen, und ihnen die Werkzeuge zeige, das Training und die Unterstützung, die ihnen dabei helfen, das Beste daraus zu machen.

An diesem Punkt im Plan zeige ich den potenziellen Geschäftspartnern meistens meinen Terminplan für den nächsten Monat. Wenn dort Meetings und Events in anderen Ländern oder sogar Staaten aufgelistet sind, benutze ich diese als Beispiel dafür, wie man eine nationale Gruppe aufbaut. „Nächste Woche leite ich ein fantastisches Training in Toronto. Kennen Sie jemanden in der Gegend? Wenn das der Fall ist, könnten wir sie oder ihn für Ihre Gruppe gewinnen und bei dem Event ein Training geben."

Nachdem wir uns mit allen Vorteilen befasst haben, mache ich den nächsten Schritt.

Schritt 7: Das große Ganze

An dieser Stelle zeige ich den Plan. Damit befasse ich mich etwa 9 bis 10 Minuten. Ich zeige den Leuten, was sie am Anfang bekommen und nehme alle Vorteile des Trainings durch. Ich zeige ihnen, wo ich stehe – ganz oben auf der Seite –, dann ihren Sponsor (bei einer 2-zu-1-Präsentation) und dann sie. Ich erläutere das: „Diese Linie ist die Sponsorenverbindung. Daran erkennen Sie, wem Sie Verantwortung schulden. Wir haben ein begründetes finanzielles Interesse daran, Ihnen zu helfen, in diesem Geschäft erfolgreich zu sein."

Ich zeichne den Plan weiter und erläutere die Schlüsselpositionen qua Einkommen. Ich zeichne immer neue Kreise, wo immer möglich. Ich konnte mich nie mit PowerPoint-Präsentationen oder Dias anfreunden. Ich zeichne gern Kreise und benutze dabei die wichtigsten Namen von Leuten, die der potenzielle Geschäftspartner für ehrgeizig hält. Das zwingt sie dazu, sich vorzustellen, wie ihre Downline anhand von ihren Freunden und Bekannten wächst.

Ich zeige meinem Gesprächspartner, wie er mit ein wenig Mühe und Rekrutierungswillen einen Gewinn von etwa € 500 im Monat erreichen kann. „Und am darauf folgenden Monat bekommen Sie einen weißen Fensterumschlag, durch den Sie schon den grünen Scheck durchschimmern sehen können; ein Scheck auf Ihren Namen mit der Summe von €500 . Was für ein Gefühl ist das, und was wollen Sie mit dem Geld machen?"

Ich will meine Gesprächspartner involvieren und an befriedigte Bedürfnisse denken lassen. Ich zeige gerne ein monatliches Einkommen von € 500, 1500 und 5000 und was man tun muss, um diese Ebenen zu erreichen. Dann frage ich sie, ob sie an dem wirklich großen Geld interessiert sind, mehr als ein Chirurg oder Zahnarzt verdient, ohne dass sie dafür 9 Jahre lang studieren müssen.

Abhängig vom derzeitigen Einkommen des potenziellen Geschäftspartners zeichne ich den Plan bis zu einem Einkommen von € 10.000 oder mehr, wenn er bereits ein großes Einkommen hat. An dieser Stelle hebe ich den Aspekt des arbeitsfreien Einkommens und der Hebelwirkung hervor, die Vorteile, die es hat, von zu Hause aus im Schlafanzug zu arbeiten und einen 3- bis 5-jährigen Plan.

Bei einer 1-zu-1-Präsentation beantworte ich an diesem Punkt ein paar kurze Fragen oder gehe über zum nächsten Schritt.

Schritt 8: Optionen

„Meine Damen und Herren, hiermit komme ich zum Abschluss des formellen Teils meiner Präsentation. Bevor wir zum Ende kommen, möchte ich das Gesagte noch einmal zusammenfassen. Heute Abend waren dreierlei Menschen in diesem Raum. Wir nennen sie Einser, Zweier und Dreier. (Auf das Flipchart zeichnen.)

Ich fange mit den Dreiern an. Ein Dreier ist jemand, der kaum noch Träume im Leben hat. Wenn überhaupt. Diese Menschen haben Angst davor, sich oder ihr Leben zu ändern. Das verstehe ich gut. Die Welt könnte ohne Dreier nicht funktionieren. Wenn Sie ein Dreier sind, möchte ich Ihnen dafür danken, dass Sie mir eine Stunde geschenkt haben, um gemeinsam mit mir eine bessere Lebensweise zu erforschen. Obwohl Ihr Abend mit uns jetzt beendet ist, können Sie wenigstens mit der Sicherheit nach Hause gehen, dass Sie Ihren Enkeln nicht sagen müssen, dass Sie nicht wussten, wie man ein finanziell unabhängiges Leben in unserem wundervollen Land führen kann.

Wenn Sie ein Zweier sind, sind Sie skeptisch, was dieses Geschäft betrifft oder haben das Gefühl, einfach keine Zeit dafür zu haben, mehr Geld zu verdienen – aber die Produkte faszinieren Sie. Sie haben das Bedürfnis, sich näher mit diesen Produkten zu befassen und was sie bei Leuten bewirken können, die Ihnen nahe stehen und die Sie lieben. Sie haben viele Fragen und wollen Antworten darauf haben. Wenn Sie ein Zweier sind, dann haben wir für Sie ein spezielles Informationspaket zusammengestellt, das Sie heute Abend mit nach Hause nehmen können, und das detaillierte Informationen zu den Produkten enthält. Derjenige, der Sie heute Abend eingeladen hat, wird Ihnen das Informationspaket aushändigen und eine Verabredung mit Ihnen treffen, um Ihre Fragen zu beantworten. Ich möchte Ihnen empfehlen, von unserem Rückgaberecht zu profitieren und das großartigste Produkt-Testimonial zu schaffen, das es gibt – Ihr eigenes.

Wenn Sie ein Einser sind, sind Sie wie ich. Sie hegen Träume, die Ihnen Ihr jetziger Job nicht erfüllen kann. Man hat Sie Träumer gescholten und gesagt, sie seien ruhelos. Sie haben schon immer gewusst, dass es ein besseres Leben gibt, und der heutige Abend kann Ihre Fahrkarte in die Freiheit sein. Als Einser haben Sie eine Menge Fragen. Fragen, was den Plan betrifft und wie er funktioniert, wie man eine Liste macht und Menschen kontaktiert. Ich würde gerne eine Pause von 10 Minuten machen; unsere Gastgeber Tom und Linda haben Kaffee und Biskuits in der Küche. Wenn Sie ein Einser sind, empfehle ich Ihnen, schnell eine Tasse Kaffee zu holen und dann zum 6-minütigen Schnellstarttraining zurückzukommen, das wir gleich machen werden. Ich werde dabei nicht nur all Ihre Fragen beantworten, sondern Ihnen auch zeigen, wie Sie in den nächsten 3 bis 28 Tagen nebenbei € 1463 verdienen können. Ich bin mir sicher, dass Sie das interessiert.

Meine Damen und Herren, wenn Sie keinen gut funktionierenden finanziellen Plan haben, wie Sie dorthin kommen, wo Sie hinwollen, dann haben Sie heute Abend hier einen gesehen. Der nächste Schritt liegt ganz bei Ihnen."

Das gesagt, stecke ich die Kappe auf den Filzstift und gehe direkt in die Küche und nehme mir eine Tasse Kaffee und ein Biskuit. Ich sage dem Gastgeber, er solle die Dreier in den nächsten 5 Minuten rauslassen. Zweier werden gebeten, noch einen Moment zu bleiben und sich ein Informationspaket geben zu lassen und einen Termin für eine Verabredung zu machen.

Ich weiß meistens, wer die Einser sind: Ihre Reaktionen bei der Präsentation sind offensichtlich. Besonders, weil sie bei der Übung mit den Traumkreisen in Schritt 3 sehr aktiv sind. Ich fürchte mich nicht davor, zu einem der Gäste zu gehen und ihn zu fragen, was für eine Zahl er ist.

Nachdem ich meine Tasse Kaffee getrunken habe, stelle ich mich wieder ans Flipchart und warte einfach, was geschieht. Ich halte Ausschau nach einem Gast, der mit einer Frage auf mich zukommt, oder nach einem meiner Neulinge, der sich seinen Gast schnappt und zu ihm sagt: „David steht allein da vorn, lass uns ein paar Takte mit ihm reden." Ich stelle dem Gast die meisten Fragen: „Glauben Sie, dass in diesem Geschäft etwas für Sie drin ist? Wie viele Stunden die Woche könnten Sie freimachen, wenn wir Ihnen dabei helfen würden, Ihre finanziellen Ziele anzusteuern?" usw.

Zehn Minuten nach Ende des ersten Meetings sind die Dreier und Zweier weg, und die Einser und die Geschäftspartner sind übrig, mit denen wir eine kurze Zusammenfassung des Plans durchnehmen. Wenn danach jemand bereit ist, den Aufnahmevertrag zu unterschreiben, bringen wir ihn in die Küche, um den Papierkram zu erledigen, und der Rest der Einser geht mit dem Paket für die erste Nacht und einer definitiven Verabredung für ein Follow-up-Meeting nach Hause.

Fassen wir die Präsentation in 8 Schritten zusammen…

Hier sind die 8 Schritte, die bei einer effektiven Präsentation gemacht werden müssen. Notieren Sie unter jeden Schritt aus dem Gedächtnis, woran Sie sich erinnern.

- EINLEITUNG
- STELLEN SIE KONTAKT HER, INDEM SIE IHRE GESCHICHTE ERZÄHLEN
- TRAUMKREISE
- EINGEFAHRENE WIRTSCHAFTLICHE GLEISE
- DIE LÖSUNG
- VORTEILE
- DAS GROSSE GANZE
- OPTIONEN

Wie hat es geklappt? Konnten Sie sich an ein paar wichtige Punkte bei den einzelnen Schritten erinnern? Übung macht den Meister. Probieren Sie es zunächst mit Ihrem Ehepartner oder Ihrer Downline aus und dann mit potenziellen Geschäftspartnern. Denken Sie daran, die Präsentationen aufzunehmen, damit Ihre Upline Ihnen mit Kritik und konstruktivem Feedback helfen kann. Wenn Sie gut sind, machen Sie ein Video davon, damit Ihre Downline anhand Ihres Beispiels lernen kann, wie man den Plan optimal präsentiert.

Kapitel 5

Seine Träume aufbauen, damit man den Traum leben kann

Kapitel 5: Dream-Building - Seine Träume aufbauen, damit man den Traum leben kann

Januar 1999 machten meine Frau und ich eine Woche lang eine wundervolle Kreuzfahrt in der Karibik, die wir bei einem Wettbewerb unserer Network-Marketing-Firma gewonnen hatten. Sie war großartig… unsere dritte kostenlose Kreuzfahrt in 4 Jahren.

Etwa ein Dutzend Spitzenleute aus meiner Downline waren auch dabei. Wenn Sie noch keine Kreuzfahrt auf einem 5-Sterne-Schiff gemacht haben, dann können Sie sich das vielleicht kaum vorstellen.
So sieht das aus: Im Laufe des Tages werden 14 Mahlzeiten aufgefahren, darunter das größte Mitternachtsbüffet, dass Sie sich vorstellen können!

Denken Sie an Zimmerservice rund um die Uhr, eine Disco, wo die Leute bis 4 Uhr morgens tanzen und Party feiern. Stellen Sie sich die spektakulärsten Sonnenuntergänge der Welt vor oder Tontaubenschießen, einen Golfparcours, Basketball, 2 Swimmingpools und Unterhaltung nonstop. Wenn Sie jemals die Chance haben, mit jemandem, der Ihnen besonders am Herzen liegt, eine Kreuzfahrt zu machen, dann kämpfen Sie dafür mit allem, was Sie haben.

Am Morgen des letzten Tages konnte man, bevor wir in den Hafen von Puerto Rico einliefen, um 6 Uhr morgens noch frühstücken. Ich war der Einzige an unserem Tisch, der es zu diesem frühen Zeitpunkt aus dem Bett geschafft hatte (die meisten Networker sind Nachteulen, und unser Tisch war bis 3 Uhr morgens wach geblieben und hatte gefeiert!), und niemand leistete mir Gesellschaft. Mein Ober fragte mich, ob ich mich vielleicht zu einem anderen Gast gesellen wollte, und ich sagte: „Na klar."
Er dirigierte mich zu einer Frau, etwa Mitte 60. Sie war elegant gekleidet und trug Juwelen, die einem sofort ins Auge sprangen. Sie sah sehr vornehm aus, besonders in dieser frühen Morgenstunde. Ich stellte mich vor und setzte mich.

Dieses Frühstück sollte eine der bemerkenswertesten Erfahrungen meines Lebens werden. Zu meiner Überraschung war diese Dame seit über 20 Jahren ein Amway-Diamond! Sie war inzwischen im Ruhestand und hatte ihre einstige Upline, ein dreifacher Diamond, in St. Lucia besucht. Zwei Stunden lang genoss ich eine Geschichte nach der anderen aus ihrer bewegten Laufbahn. Und ich war ein besonders guter Zuhörer!

Ich werde dieses Frühstück nie vergessen. Ich grub in zwei Stunden mehr Schätze aus, als ich anderswo in 2 Jahren hätte finden können. Ich hatte früher Vorurteile über Amway, aber dieses Frühstück änderte sie vollkommen. Ich hätte mich gerne über diese „kleine Seifenklitsche" lustig gemacht und nannte das Unternehmen einen Dinosaurier. Aber jetzt nicht mehr. Ich verteidige das Unternehmen inzwischen genauso vehement gegen Kritiker wie meine eigene Firma und Ihre. Das hat mir der verstorbene John Kalench beigebracht. Wenn irgendjemand eine Firma aus dieser Branche niedermacht, dann schadet es uns allen.

Der Spielplatz ist groß genug, und wir können alle gewinnen. In den freien Ländern der Welt, in denen Network-Marketing-Firmen operieren, gibt es zwei Milliarden Menschen. Wir müssen damit aufhören, einander zu bekämpfen. Was meinte Mark Yarnell? Er sagte in etwa: „Wir sind die einzige Branche, in der, wenn die Indianer angreifen, die Leute eine Wagenburg bauen und dann anfangen… aufeinander zu schießen."

Eines meiner Lieblingsthemen hat mit Dream-Building zu tun. Und die Aggies (so nennen wir die Leute vom Amway liebevoll) sind darin absolute Meister. Diese Diamond-Dame von

Amway erzählte mir eine Geschichte nach der anderen, wie sie das gemacht hatte. Zu den größten Schätzen aus diesem Gespräch gehört, dass sie mir erzählte, wie sie das Dream-Building in ihren Tagesplan aufgenommen und ihm die gleiche Priorität gegeben hatte wie dem offenen Briefing oder Training.

In ihren Glanzzeiten hatte sie drei Linien mit immenser Tiefe. Sie veranstaltete 3 Dream-Building-Meetings pro Monat, häufig an einem Samstag im Anschluss an ein Training, und zwar für jede Linie eins. Also mal angenommen, Sie würden gerade von der Smith-Linie gesponsert. Wenn Sie ein steigender Stern mit Potenzial sind, würden Sie sich mit ihr und Ihrer Upline und vielleicht 3 oder 4 (manchmal 30 bis 40) anderen Leuten treffen und Träume aufbauen. Jeden Monat ein neues Abenteuer.

Manchmal würden Sie und die anderen sich Autos ansehen gehen. Manchmal Boote. Manchmal riesige Häuser. Manchmal würden Sie und eine Menge Freunde einen Flughafen besuchen, sich in Liegestühle legen und zusehen, wie Flugzeuge mit exotischen Bestimmungen abhoben. Ein andermal würden Sie Juweliere besuchen und sich Diamanten und Ringe ansehen, die Sie sich kaufen würden, wenn Sie dereinst als neuer Diamond auf die Bühne treten. Egal was... diese Lady nahm ihre neuen Geschäftspartner mit, um deren Vorstellungsvermögen zu erweitern!

Und erweitern ist das richtige Wort. Der Verstand ist wie ein Gummiband oder Ballon. Hat man ihn erst einmal aufgeblasen, verliert er die alte Form für immer.

Ich will Ihnen etwas übers Dream-Building erzählen. Ich weiß nicht, ob es Sie antörnt oder Ihnen gegen den Strich geht, Ferraris und Lamborghinis einen Tag lang Probe zu fahren. Aber ich will Ihnen etwas über unser Gehirn erzählen.

Stellen Sie sich vor, Sie fahren einen Wagen, den Sie gerade gekauft haben. Sehen Sie ihn mit Ihren geistigen Augen. Welche Farbe hat er? Wie groß ist das Lenkrad? Wie fühlen sich die Sitze an? Wie klingt die Stereoanlage? Wie schnell fährt er, wenn Sie das Gaspedal durchtreten? Können Sie sich das vorstellen?

Und jetzt Ihre derzeitige Realität: Falls Sie das können, teilen Sie Ihre geistige Leinwand in der Mitte: auf der linken Seite Ihr derzeitiger Wagen und auf der rechten– nur für den Moment – ein heißer, neuer, roter Ferrari. Können Sie ihn sehen? Ach übrigens: Lächeln Sie bei dem Gedanken an die vielen Pferdestärken unter Ihren Füßen?

Das geistige Bild des Ferrari ist die fantastische Realität. Welches Bild ist klarer, Ihre derzeitige Realität oder die fantastische?

Sehen Sie sich Ihr derzeitiges Auto noch mal auf der gesamten geistigen Leinwand an. Fehlt Ihnen dabei etwas? Haben Sie vielleicht einen Riss in den Autositzen übersehen? Dreck, Öl oder Schmierfinger auf dem Rückspiegel oder den Fenstern? Rost oder Beulen? Weshalb hat Ihr Gehirn das nicht gesehen? Noch ein Beispiel:

Sehen Sie sich in Ihrer Wohnung um, und halten Sie nach Bücherstapeln, Wäschehäufchen, Kleidungsstücken und Kram, Zeugs und so weiter Ausschau: Sachen, die irgendwo herumliegen. Wenn Ihre kritische Schwiegermutter heute vorbeikäme, würden Sie den Kram sofort aufräumen. Aber im Moment ignoriert Ihr Gehirn ihn. Der Kram ist, dank der Fähigkeiten Ihres Gehirns, unsichtbar. Es ist, wie wenn man zum Kühlschrank geht und den Senf sucht: „Liebling, wo ist denn der Senf?“ Und sie sagt: „Vor deiner Nase, Schatz. Hast du Tomaten auf den Augen?“ Und da steht der Senf: 30 Zentimeter vor Ihrer Nase. Vielleicht müssen Sie ja mal zum Augenarzt...

Diese Art Blindheit nennt man Skotom. Ein Skotom ist eine Blockierung der Sinne, ein

Filter, der Teile Ihres Umfeldes aus Ihrer Wahrnehmung löscht. Unser Gehirn erzeugt sie relativ häufig, und zwar zu unserem Schutz. Wieso, wollen Sie wissen? Es schützt uns vor dem Stress, den Ballon unserer Wahrnehmung zu sehr erweitern zu müssen; das Skotom schützt vor der Spannung zwischen der derzeitigen und der fantastischen Realität. Psychologen nennen das auch kognitive Dissonanz. Schauen Sie sich im Geist noch mal Ihr Auto an. Wenn Sie Ihren jetzigen Wagen dauernd mit einem heißen, neuen, roten Ferrari vergleichen, wird Ihr Gehirn schon bald außerordentlich unzufrieden mit der derzeitigen Realität. Es entspinnt sich ein inneres Gespräch, das dazu führt, dass Sie ziemlich bald von dem alten Auto genervt sind. Es wird Sie auf Dauer so nerven, dass Sie plötzlich, fast ohne es zu wollen, den Telefonhörer abnehmen und die Person auf Ihrer „Angstkandidatenliste" anrufen, vor der Sie sich am meisten fürchten. Sie sagen: „Dr. Schmidt, ich komme gleich vorbei und werde Ihnen Mittel und Wege zeigen, wie man ein riesiges Nebeneinkommen erzielen kann. Sie werden sich damit befassen, und ich akzeptiere kein Nein. In 10 Minuten bin ich bei Ihnen!" Auf einmal sind Sie wie besessen und legen sich mächtig ins Zeug, um die alte Klapperkarre loszuwerden. Network-Marketing kostet Sie auf einmal keine Mühe mehr.

Aber so läuft das nicht! Nicht bei Ihnen. Während Ihr altes Auto Sie also immer unzufriedener macht, sagt Ihr Gehirn etwa Folgendes: „Du brauchst doch gar keinen Ferrari. Steuern und Unterhalt sind bestimmt unbezahlbar. Stell dir nur vor, was das alles kosten soll. Deine Freunde werden unglaublich neidisch auf dich. Die alte Klapperkiste ist gut genug für uns. Ich werde dir helfen. Ich mache dich blind für den ganzen Rost und die Beulen. Schon geschehen! Jetzt bist du nicht mehr unzufrieden! Außerdem kannst du dann hier in deiner Bequemlichkeitszone bleiben."

Dieses innere Gespräch und das Skotom stellen wieder genügend Zufriedenheit her, so dass Sie den alten Wagen behalten, mitsamt der alten Gewohnheiten, die dafür sorgen, dass Sie so wenig Geld haben und mit der alten Karre auskommen müssen. Ihr Gehirn ist so mächtig, dass Sie gar keine Chance haben. Aus diesem Grund wiegt das Telefon mindestens eine Tonne, wenn wir einen Anruf machen wollen. Das Gehirn meint, es täte uns damit einen Gefallen.

Und genau deshalb bietet Dream-Building ein hervorragendes Erfolgsrezept. Wenn man die fantastische Realität immer wieder fördert, wird sie zunächst genauso klar und schließlich sehr viel klarer als die „derzeitige Realität". Jetzt wird Ihr Gehirn nicht mehr gegen Sie arbeiten, sondern einen neuen inneren Dialog in Gang setzen, neue Gewohnheiten formen und neue Überzeugungen, um die neue Realität in die Tat umzusetzen.

„Hallo Körper, hier spricht das Gehirn. Schau dir doch mal den Rost auf dieser Klapperkiste an. Wie lange willst du das noch ertragen? Ich will einen brandneuen, roten Ferrari. Und ich will ihn jetzt. Und schau mal, ich mache das Telefon leicht wie eine Feder. Ich gebe dir tonnenweise Mut und Kampfgeist. Stell dir doch nur vor, lieber Körper, wie die Girls uns in unserem neuen Wagen bewundern werden. Und weißt du was: Wo wir schon mal dabei sind, überrede ich dich gleich noch zu dem Fitnessstudio und der Diät. Da ich uns schon für das neue Auto gewinne, kann ich uns auch gleich dazu bringen, den dazu passenden schlanken Körper zu schaffen. Also leg los, wir brauchen in den nächsten 7 Tagen 15 neue Geschäftspartner.
Und das schaffen wir auch!"

WAAAAAAAAAHHHHHHHNSINN!!!

Da habe ich Ihnen gerade das größte Geheimnis der Welt in den Schoß geworfen. Das Geheimnis, wie man die unglaubliche Macht seines Gehirns anzapft.

Diese Seiten können dem gesamten Ausmaß sicherlich nicht gerecht werden. Wer Englisch liest, sollte sich unbedingt die Handbücher für Gehirnbenutzer von Dr. Albert Bandura, Lou Tice und anderen ansehen oder Lou Tices Angebot und das seines *The Pacific Institute* im Internet (www.pacificinstitute.com.au).

Die Reise wird Sie inspirieren!

Sehen Sie sich auch Richard Brooke's *Mach II With Your Hair On Fire* an. Wir haben eine Reihe Lehrer gemeinsam und einen ähnlichen Werdegang. Wenn Sie erst einmal gelernt haben, die kleine Stimme im Kopf zu zähmen, sind Sie auf dem besten Weg zu unglaublichem Erfolg.

Zurück zu meiner Diamond-Dame und ihren Terminen fürs organisiertes Dream-Building... Dahinter stand die Erkenntnis, dass es notwendig ist, den Traum eines besseren Lebens bei seinen Leuten neu zu entfachen. Die Gesellschaft hat den meisten Menschen, wenn sie um die 35 Jahre alt sind, etwa 99 % ihrer Träume ausgetrieben; ich meine buchstäblich zerstört, abgetötet und zermalmt. Die meisten Menschen machen sich lohnabhängig und träumen vom Wochenende und dem spärlichen Jahresurlaub.

Nimmt man seine aufsteigenden Stars jedoch immer wieder zum Dream-Building mit, werden einige von ihnen hoffentlich neue Vorstellungen entwickeln und klare, einflussreiche, fantastische Realitäten. Wenn man Menschen dazu bringt, Bilder von ihrem Traumauto auszuschneiden und sie auf das Lenkrad des derzeitigen Wagens, den Badezimmerspiegel, den Kühlschrank, das Telefon und den Terminkalender zu kleben, wird auf Dauer zwischen der derzeitigen Realität und der fantastischen Realität hoffentlich genügend Spannung und eine kognitive Dissonanz erzeugt. Durch Verstärkung der fantastischen Realität mit Probefahrten des Traumwagens, mindestens ein- oder zweimal im Monat, wird ein innerer Kampf der Stimmen erzeugt. Wird die fantastische Realität stark genug, streckt das Gehirn die Waffen und erzeugt Glaubenssysteme, die den aufsteigenden Star zu so viel Produktivität drängen, dass er sich das Traumauto kaufen kann.

Ich habe das schon viele Male gesehen. Ich habe es buchstäblich viele Male gelebt. Und das können Sie auch...

Da muss ich wohl nicht besonders hervorheben, wie sehr diese wunderbare Lady von Amway mich inspiriert hat. Als ich nach Hause kam, habe ich gleich eine ganze Reihe Dream-Building-Termine mit meiner Gruppe vereinbart. Einer davon war riesig: Die Traumnacht 1999.

Traumnacht 1999

Wir hatten für Ende April 1999 ein großes Samstagstraining in Toronto geplant, bei dem wir etwa 1000 Teilnehmer erwarteten. Eine ganze Reihe Firmenchefs und Spitzenleute aus der Gegend wollten auch teilnehmen. Es war eindeutig eine wichtige Sache. Nachdem ich der Dame zugehört hatte, kam mein Hirn auf Hochtouren, und sowie ich wieder zu Hause war, legte ich los.

Ich schrieb eine Einladung für die „Traumnacht 1999“. Wer teilnehmen wollte, musste die mittlere Stufe erreicht haben, also einen Monatsumsatz von $7.500 oder mehr. Das genaue Geschehen war geheim, aber ich versprach den Leuten eine unglaubliche Nacht, die ihr Leben verändern würde, mit besonderen Gästen und hinterher einer Party. Ich schickte die Einladung an all meine qualifizierten Teammitglieder, plus Kopien für deren besten Leute. Es sollte am Freitagabend vor dem großen Event stattfinden.

Damit brachte ich die gesamte Organisation in Ontario auf ein neues, höheres Leistungsniveau. Wir veranstalteten die nächsten 90 Tage in fünf Städten ein Meeting pro Woche. Am

Ende des Business-Briefings machten wir immer ein 30-minütiges Training. Dort baten wir jeden, der in der Vorwoche mindestens ein Rekrutierungsvideo ausgehändigt hatte, aufzustehen. Ich erinnere mich noch an eine Woche Mitte März und vier Meetings in vier Städten: Die vier Gruppen hatten in der Vorwoche 395 Videos ausgehändigt. Stellen Sie sich mal vor, was geschieht, wenn Ihr Team 1500 oder mehr Videos pro Monat verteilt...

Der April ist nur noch ein verschwommenes Bild in meiner Erinnerung. Wir strapazierten das Team sehr. Pro Woche vier Städte zu besuchen, war eine große Herausforderung. Ich konnte selber fast niemanden rekrutieren, aber wir gingen ziemlich in die Tiefe. Es war eine Menge los!

Schließlich brach der Freitagabend an. Wir sammelten alle 90, die sich qualifiziert hatten, in der Lobby des luxuriösesten Hotels von Toronto. Wir sahen allesamt wie Millionäre aus. In den 90 Tagen vor der Traumnacht hatten sich mindestens ein Dutzend neuer Leute für die Teilnahme qualifiziert: ein Rekord für mein Team! Wir hatten in 90 Tagen 905 neue Geschäftspartner hinzugewonnen!

Ich musste Himmel und Erde bewegen, um zwei Direktoren unserer Network-Marketing-Firma als Teilnehmer zu gewinnen, darunter der Vizevorsitzende des Vorstands. Sie wussten nicht, was geschehen würde, nur, dass sie wie alle anderen um 19:00 Uhr in der Hotellobby sein sollten. Sie waren genauso aufgeregt wie meine Truppe. Was würde geschehen?
Wir verließen die Lobby um genau 19:05 Uhr.

Hier die Einladung, die alle Gäste erhalten hatten:

Vom Schreibtisch von David & Falia Ledoux, Emerald Directors...

8. März 2003

Liebe Führungskraft,

Sie haben Visionen – das hat Sie zur Spitzenkraft gemacht. Je klarer die Vision, desto kraftvoller Ihr Traum. Je kraftvoller Ihr Traum, desto erfolgreicher sind Sie. Ich möchte Ihnen helfen, eine klare und überwältigende Vision aufzubauen. Dies ist Ihre persönliche Einladung zur TRAUMNACHT!

Ich habe einen riesigen Abend vorbereitet, von dem das Unternehmen noch lange reden wird. Die Traumnacht findet am Freitagabend, 26. März, statt, und *NUR GELADENE GÄSTE SIND WILLKOMMEN*. Nur Spitzenkräfte mit einem starken Traum werden erscheinen. In der Zeit von 19:00 bis 22:00 Uhr wird Ihre Zukunft sich kristallisieren, und sie wird großartig und herrlich sein.

Wir treffen uns um exakt 18:55 Uhr in der Hauptlobby des Crown Plaza Hotels, 225 Front St. W.. Wir werden es um 19:00 Uhr in Richtung einer geheimen Location verlassen. Abendkleidung ist empfehlenswert. Bringen Sie eine Kamera und Ihre Fantasie mit. Nach der Traumnacht werden kleine Häppchen verteilt. Deshalb wäre es vielleicht nicht schlecht, früh zu Abend zu essen. Bitte seien Sie rechtzeitig da, wir werden auf niemanden warten.

Ein besonderer Abend wie diese Traumnacht erfordert eine Menge Planung. Spitzenkräfte wie Sie, die Spitzenleistungen bringen, verdienen nur das Allerbeste. Ich brauche daher Ihre Unterstützung. Bitte teilen Sie mir Ihr Kommen sofort telefonisch mit – 519-555-5555 – oder sprechen Sie mir auf den Anrufbeantworter – 519-555-5555 – oder schicken Sie ein Fax an die Nummer 519-555-5555. Falls Sie nicht kommen können, bitte ich auch um eine Mitteilung, damit ich Sie von meiner Liste streichen kann. Ich muss den Organisatoren bis zum 21. März eine komplette Teilnehmerliste schicken.

Die einzigen Gäste, die Sie mitbringen können, sind Ihr/e Ehepartner/in oder Ihr/e Liebste/r. Bitte teilen Sie mir auch das mit. Um unangenehme Überraschungen zu verhindern, möchte ich Sie daran erinnern, dass dieser Abend wirklich nur für geladene Gäste ist. Mir ist bewusst, dass Sie im Laufe der nächsten paar Wochen in Ihrer Organisation womöglich brandneue Spitzenkräfte haben werden. Machen Sie sich keine Sorgen, denn ich werde persönlich Kontakt zu ihnen aufnehmen.

Ich verspreche Ihnen einen Abend, an den Sie sich noch sehr lange erinnern werden. Die Traumnacht wird ein alljährliches Event werden und so begehrt, dass viele Leute alles versuchen werden, daran teilnehmen zu dürfen. Die Vision, was in Ihrem Leben und Geschäft möglich ist, wird sich enorm erweitern. Ich freue mich schon, diesen besonderen Abend mit Ihnen verbringen zu dürfen.
Bitte kontaktieren Sie mich so bald wie möglich.
Mit freundlichen Grüßen,

David Ledoux

PS: Führungskräfte sind wie Diamanten: Auch wenn sie funkeln, wenn sie auf einem Tisch liegen, kommen sie doch erst in der richtigen Fassung optimal zur Geltung.

Wir gingen rechtzeitig los zur „GEHEIMEN LOCATION“. Vom Crowne Plaza Hotel aus führten wir die Gruppe 10 Minuten lang durch Unterführungen, Firmenhochhäuser und schließlich durch den Hintereingang in eines der schicksten, exklusivsten Restaurants von Toronto. Dort legten wir unsere Mäntel ab (in dieser Jahreszeit ist es eiskalt in Toronto), und unsere Gastgeberin für den Abend stellte sich vor. Dann führte sie uns über einen Flur zu einem Aufzug, und nun betraten wir den Toronto Skydrome!

Der Toronto Skydrome ist ein architektonisches Wunderwerk. Es war das weltweit erste Stadion mit Schiebedach. Es hat Platz für 50.000 Zuschauer. Und an diesem Abend gehörte es uns ganz allein…

Wir bauten eine Bühne auf, und ich bat den Vizepräsident der Firma ans Mikrofon. Er sollte uns etwas über die Zukunft der Firma erzählen. Er zeichnete das herrliche Bild einer fantastischen, gewinnbringenden Zukunft. Leidenschaftlich drückte er seine Begeisterung aus, wie toll es für ihn war, an dieser Traumnacht teilnehmen zu dürfen. Dann sprach er darüber, was für Führungskräfte wir brauchten, damit wir den Skydrome mit 40.000 Geschäftspartnern für ein Firmenevent füllen könnten. Er war genauso aufgeregt wie wir!

Dann bat er alle Mitglieder meines Teams nach vorne. Er stellte sie uns namentlich als neue Diamonds der Firma vor – das ist unser Spitzenrang! Ich hatte ein Dutzend unglaublich laute Signalhörner gekauft und gab jedem Spitzenverdiener eines. Und obwohl wir das riesige Stadion nur mit 90 Leuten füllten, war der Applaus für jeden auf dem Weg zur Bühne, wo er oder sie ihre Diamond-Nadel in Empfang nahm, ohrenbetäubend – ich werde es nie vergessen!

Ich erinnere mich noch gut, dass sich alles wie in Zeitlupe bewegte, als meine Frau und ich an der Reihe waren und an die Gesichter meiner Spitzenleute, die einen Menschentunnel geformt hatten und uns auf dem Weg nach vorn gratulierten. Alle waren in Ekstase. Als jeder seine 20 Sekunden auf der Bühne gehabt hatte, gab es noch ein paar letzte Ansprachen. Ich war wirklich gerührt.

Dazu müssen Sie vielleicht wissen, dass ich seit zweieinhalb Jahren im Rang eines Emerald festgefahren war. Ich hatte angefangen zu zweifeln, ob ich es jemals bis zum Diamond schaffen würde. Aber das Dream-Building hatte mich verändert. Ich wusste, dass es nur noch eine Frage der Zeit war.

Jeder bekam einen Umschlag, einen Notizblock und einen Stift. Ich bat alle, sich irgendwo im riesigen Stadium einen Platz zu suchen und einen Brief an sich selbst 9 Monate in der Zukunft zu schreiben. Sie sollten aufschreiben, woran sie dachten, was sie empfanden und fühlten - und welche Ängste und Träume sie hatten. Wie die Ameisen verteilten wir uns in dem riesigen Stadion und trafen uns 20 Minuten später dann wieder auf der Tribüne. Jeder steckte seinen Brief in einen Umschlag und adressierte ihn an sich selbst. Ich verkündete, dass ich allen ihren Brief in der Weihnachtszeit zuschicken würde.

Wir machten Gruppenfotos ohne Ende, um uns an diesen wundervollen Abend zu erinnern. Dann begaben wir uns ins Restaurant, das eine wundervolle Aussicht auf das Spielfeld bot. Ich hatte es für unsere Privatveranstaltung angemietet, und wir aßen köstliche Hors d'Oeuvres. Wir feierten den Aufstieg in den Rang eines Diamonds – und dann überraschte mein Team mich. Mein bester Freund in der Branche, der Erste, den ich jemals sponserte und einer meiner absoluten Spitzenleute, hielt eine bewegende Rede darüber, was es eigentlich heißt, Führungskraft zu sein. Ich dachte, er meinte den neuen Ruby in seiner Downline. Ich denke, dass ich von der ganzen Aufregung noch immer ganz benebelt war, denn auf einmal wurden Falia und ich auf die Bühne gebeten, und wir bekamen ein unglaublich schönes gerahmtes Bild eines jagenden Löwen geschenkt, mitsamt einer Plakette mit fantastischen Worten über Führungskraft. Sie hatten mich wirklich überrascht, genauso wie ich sie mit meiner Traumnacht 1999 überrascht hatte!

Was für eine Party! Alle waren vollkommen aus dem Häuschen. Da wird es sicherlich niemand überraschen, dass dieser Abend am nächsten Tag beim Meeting das Tagesgespräch war. Die Aufregung war ansteckend. Es nahmen über 1300 Leute an dem Training teil. Die Dynamik, die wir mit unseren gemeinsamen Bemühungen der letzten 90 Tage ausgelöst hatten, hatte dabei einen wesentlichen Einfluss. Und die Träume, die wir in jener Nacht schufen, hatten unglaublichen Wert. Warum ich das weiß?

Weil meine Frau und ich 6 Monate später die Nummer 6 auf der Skala der Spitzenverdiener des gesamten Unternehmens waren…

Epilog

Was hat uns das Event gekostet, und wie hat es sich ausgezahlt? Ich hatte hart mit den Eigentümern des Skydome verhandelt und ihn außerhalb der Saison und Spielzeiten gemietet. Und wo immer ich sparen konnte, hatte ich das getan. Normalerweise kostet der Skydome $25.000 pro Event. Mein Preis für 3 Stunden plus anschließender Cocktailparty lag bei $10.000.

Was den Gewinn auf die Investition betrifft: Der Einkommensunterschied zwischen einem Emerald und einem Diamond in meinem Programm liegt bei mindestens $120.000 im Jahr. Aber wenn ich den Wert kalkulieren soll, der mir und meinen Spitzenleuten nun zugemessen wurde, kann ich nur sagen: Er war unendlich hoch.

Und die Dynamik? In den fünf Monaten nach dem Gespräch am Frühstückstisch mit der Lady von Amway gewannen wir 1700 neue Geschäftspartner hinzu. Wir scheffelten zehntausende Dollar an Provisionen aus der Downline und halfen enorm vielen Menschen mit unseren Produkten.

Eine Idee, die man leidenschaftlich verfolgt, kann die Welt verändern…

Weitere Gedanken zum Dream-Building…

Wie kann man den Traum bei sich und seiner Organisation aufbauen?

Wir wollen ein wenig Brainstorming machen. Bedenken Sie dabei, dass 80 % aller Menschen, die diesen Kurs gekauft haben, die Übungen nicht machen. Seien Sie also der Klassenbeste…

Erstellen Sie eine Liste mit drei exotischen Autos, mit denen Sie im nächsten Monat eine Probefahrt machen wollen…

Benennen Sie drei Führungskräfte in Ihrer Downline, denen es Spaß machen würde, Sie dabei zu begleiten.

Kennen Sie einen Immobilienmakler, der Ihnen gerne mal eine Millionen-Villa zeigen würde? Wissen Sie, wo man Immobilienzeitschriften verschenkt oder verkauft, in denen Spitzenwohnungen und -häuser inseriert sind? Wo befindet sich das nächste Reisebüro, in dem man Ihnen Broschüren über exotische Reiseziele geben kann?

Wenn Sie der Bestverdienende in Ihrem Network-Marketing-Unternehmen wären, welche Armbanduhr würden Sie tragen?

Wo verkauft man solche Uhren, und würden Sie sich gerne mal eine ansehen, nur um zu sehen, ob sie Ihnen auch gefällt?

Wo ist der beste Schneider oder das beste Bekleidungsgeschäft Ihrer Stadt?

Wen aus Ihrem Team können Sie mitnehmen, wenn man Ihnen einen Maßanzug auf den Leib schneidert?

Wie viele Ihrer Führungskräfte haben Bilder ihrer Träume im Terminplaner und an den Kühlschrank, das Telefon im Büro oder den Badezimmerspiegel gehängt?

Listen Sie 3 Ideen auf, was Sie an einem Dream-Building-Abend mit Ihren wichtigsten Leuten machen könnten:

A)

B)

C)

Wie fühlen Sie sich dabei?

Zusammenfassung...

- Die meisten Menschen haben ihre Träume verloren.
- Ihr Erfolg hängt von Ihrer Fähigkeit ab, die Träume Ihrer Downline neu zu beleben.
- Die Spannung zwischen der derzeitigen und der fantastischen Realität heißt kognitive Dissonanz.
- Die vom Gehirn erzeugte Blindheit für Fehler der derzeitigen Realität nennt sich Skotom.
- Wenn die fantastische Realität stärker ist als die Vorstellung der derzeitigen, wird das Gehirn eine innere Stimme und Motivation erzeugen, um die fantastische Realität zur Wirklichkeit zu machen.
- Regelmäßig angesetzte Dream-Building-Events sind ein wichtiges Element beim Aufbau einer Downline.

Vor einigen Jahren habe ich eine Vorlage erstellt, die mir beim Zielsetzen hilft. Sie finden Sie auf der nächsten Seite. Ich habe sie laminiert und immer eine in meiner Tasche und dutzende Kopien. Ich habe sie überall! Sie sind ein stetiges Bekenntnis zu meinen Träumen. Testen Sie es mit Ihren wichtigsten Geschäftspartnern. Zeigen Sie ihnen, dass Sie das Blatt mit den 3 Zielen immer in der Tasche haben. Ermutigen Sie sie, mit diesem Instrument ihr Unterbewusstsein zu programmieren. Fragen Sie Ihre Downline bei Trainings: „Wer hat heute drei zwingende Gründe für seinen Erfolg?" Achten Sie darauf, wer seine drei Ziele dabei hat.

Diese Idee ist eine der wirkungsvollsten im ganzen Handbuch. Ich hoffe, dass Sie sie zu Ihrem Vorteil nutzen.

Die 3 wichtigsten Gründe, weshalb ich Erfolg haben werde:

1.

2.

3.

(Stecken Sie diese in Ihre Hosentasche.)

1.

2.

3.

(Kleben Sie diese an den Badezimmerspiegel.)

1.

2.

3.

(Legen Sie diese auf das Armaturenbrett im Auto.)

Kapitel 6

Wie man die kommende Woche, den nächsten Monat und das Jahr so plant, dass man maximale Ergebnisse erzielt

Kapitel 6 - Wie man die kommende Woche, den nächsten Monat und das Jahr so plant, dass man maximale Ergebnisse erzielt

In diesem Kapitel konzentriere ich mich darauf, was ich im Allgemeinen „Organisatorische Architektur" nenne. Wir werden uns jetzt damit befassen, wie man die vielen unterschiedlichen Sparten dieses Geschäfts optimal plant und so seine Leistungen maximiert.

Eine der Herausforderungen beim Verfassen eines Handbuchs wie diesem besteht darin, dass die Leser mit unterschiedlichen Firmen verbunden sind, die jeweils eine andere Firmenkultur haben, und dass die Ebenen persönlicher und geschäftlicher Entwicklung sich sicherlich auch unterscheiden. Ich werde Ihnen meine Erfahrungen mitteilen und Ihnen alle Informationen geben, die ich auf meiner Ebene nutze. Sie können das Ganze „herunterfahren", wenn Sie auf einer niedrigeren Stufe sind, oder es „hochfahren", wenn Sie auf einer höheren sind.

In meiner Organisation läuft das Planungsjahr nicht von Januar bis Dezember, sondern von der alljährlichen Convention bis zur nächsten. Traditionellerweise findet die Convention im Juli statt. Veranstaltet Ihre Firma und/oder Upline einmal im Jahr ein großes nationales oder internationales Ereignis, das als Grundlage für Ihren Jahreszyklus fungieren könnte?

Wir nutzen die Convention als Orientierungspunkt für unsere Jahresproduktivität.
Zum Beispiel:

- Welche Stufe hatten Sie bei der letzten Convention?
- Welche Stufe wollen Sie bis zur nächsten Convention erreichen?
- Wie viele Linien waren bei der letzten Convention zugegen?
- Wie viele Teilnehmer hatte die letzte Convention?
- Wie viele Leute mit einer neuen Stufe waren auf der Bühne?
- Wie viele werden es nächstes Jahr sein?
- Wie viele neue Geschäftspartner waren einen Monat nach der Convention Mitglied Ihrer Gruppe?

Ich arbeite mit meinen wichtigsten Führungskräften auf Jahresbasis, damit sie sich auf bestimmte Fortschritte konzentrieren können. In meinem Team ist die Teilnahme an der jährlichen Convention nicht verhandelbar. Jeder, der meine Zeit beanspruchen oder Hilfe von mir will, muss teilnehmen. Damit zeigen mir die Leute, wie ernst es ihnen ist, ein großes Geschäft aufzubauen.

In meiner Organisation ist es vom ersten Tag an klar, dass alle Führungskräfte bei allen Events dabei sein müssen. Und obwohl die meisten Mitglieder meines Teams weit vom Tagungsort entfernt wohnen (denken Sie international), nehmen prozentual mehr meiner Leute teil als aus fast allen anderen Organisationen.

Meinen Führungskräften ist so ziemlich von Anfang an sonnenklar, dass große Events ein wirksames Mittel sind, neuen Geschäftspartnern die Vision zu vermitteln und ihre Überzeugung in unser Geschäft zu stärken. Events wirken äußerst effektiv. Ich bin mir ganz sicher, dass die Convention der „Leim" ist, der die Leute auf Dauer an unser Geschäft bindet.

Angefangen mit der Convention unterteilen wir das Jahr in vier Blöcke. Vor langer, langer Zeit warteten wir darauf, dass unser Mutterhaus in die Stadt kommen und ein Event für uns veranstalten würde. Dadurch machten wir uns übermäßig abhängig, was die Führungskräfte im Feld schwächte. Die letzten Jahre organisieren wir unsere eigenen Events – und die sind spektakulär!

So sieht unser Jahr aus:

Anfang Januar	*Januar-Kickstart*
Ende April	*Frühlingstraining*
Juli	*Convention*
Ende September	*September-Showcase*
Dezember	*Weihnachtsempfang*

Als Upline-Diamond produziere ich diese Events (außer natürlich der Convention). Darüber hinaus organisieren die Führungskräfte in meiner Downline für ihre Teams eigene Events, die auch den Crosslines offen stehen – und manchmal auch nicht. Im Mai oder November veranstalten wir häufig einzigartige Trainings und holen uns Gastredner.

Jedes Vierteljahr organisieren die Führungskräfte im Feld kürzere Produktionszyklen für ihre Teams, deren Höhepunkt jeweils ein vierteljährliches Event ist. Der 90-Tage-Schwung, von dem im Kapitel über Dream-Building die Rede war und der zur Traumnacht und unserem Frühlingstraining führte, ist ein hervorragendes Beispiel für solch einen Produktionszyklus.

Bei jedem Vierteljahresevent gehört der Beifall für Leute, die einen neuen Rang erreicht haben, und die anschließende Feier zu den wesentlichen Tagesordnungspunkten. Öffentliche Anerkennung motiviert die meisten Menschen weit mehr als Geld. Man darf nicht unterschätzen, wie hart Menschen bereit sind, für ein simples Lob zu arbeiten. Wenn man sich die wirklich großen und legendären Unternehmen wie A. L. Williams (Primerica), Mary Kay, Amway und Ähnliche ansieht, erkennt man, dass sie alle so etwas wie „weltweite Anerkennung" geschaffen haben. A. L. Williams hat einmal gesagt: „Wir verteilen Plaketten, die so groß sind wie eine Tür, und Trophäen, die so groß sind wie ein Mensch!"

Hier eine kleine Geschichte, die das erläutert. In einem späteren Kapitel, wo ich viele Fehler enthüllen werde, die ich im Laufe der Jahre gemacht habe, werde ich von einem Gespräch berichten, das ich mit der erfolgreichsten Führungskraft von Mary Kay Kanada geführt habe. Ich will Ihnen jedoch jetzt schon erzählen, was für ein Schock es für mich war, als ich ihr Trainingscenter erstmals betrat. Alles war rosa! In ihrem Center war außerdem ein Sitzungssaal, in dem 140 Leute im Halbrund Platz hatten - wie in einem Theater. An der langen Wand war eine äußerst inspirierende und spektakuläre Sammlung, größer als irgendeine andere, die ich in meinen 14 Jahren in dieser Branche gesehen habe!

Über 100 Plaketten und gerahmte Fotos, die sie in über 20 Jahren bei Mary Kay ergattert hatte. Kleine Plaketten aus ihrer Anfangszeit, beispielsweise eine Anerkennung dafür, dass sie einen Monatsumsatz von $15.000 erzielt hatte: ein Meilenstein. Im Laufe der Jahre wuchs die Größe der Plaketten. Ich glaube, dass eine der größten Plaketten sie für einen Teamumsatz von über 3 Millionen ehrte. Ich weiß nicht mehr, ob es dabei um einen Monats- oder Jahresumsatz ging, aber wie auch immer, es war wirklich von Bedeutung – das konnte man sehen!

Es hingen auch jede Menge Teamfotos von ihr dazwischen: bei Kreuzfahrten, auf Conventions, vor neuen Autos und so endlos weiter. Noch heute, viele Jahre später, erinnere ich mich in allen Farben daran. Ich stand da wie vom Blitz gerührt. Und mein Staunen machte sie doch tatsächlich ein wenig verlegen.

Wenn dieses Buch Ihnen sonst nichts bringt, dann zumindest, dass Sie zur Weltklasse gehören sollten, wenn es um die Anerkennung für Ihre Leute geht. Ein Leistungszertifikat, Anstecknadeln, Bänder, Trophäen, Plaketten – tun Sie etwas, das darüber hinausgeht, was andere tun! Ich kann Ihnen gar nicht sagen, was für ein Gefühl es ist, ins Büro einer Führungskraft mittleren Ranges mit 30 Ebenen unter sich zu kommen und das eingerahmte Zertifikat der „Auszeichnung für mitreißende Begeisterung" zu entdecken, das Sie ihm vor

4 Jahren gegeben haben und das nun stolz an seiner Wand hängt.

Wenn die Zeiten in Ihrem Geschäft hart sind – und es gibt immer ein paar Unebenheiten auf der Achterbahn des Network-Marketings –, dann werden die Führungskräfte, die ihren Leuten beispielhaft Anerkennung gezollt und für eine Kultur der Bestleistungen in ihren Organisationen gesorgt haben, auch das überstehen.

Aber zurück zum Vierteljahresplan. Es geht darum, kurze Wachstumszyklen zu schaffen, deren Höhepunkt die vierteljährlichen Events sind. Um das noch zu intensivieren, organisieren wir vierteljährliche Wettbewerbe, bei denen die Gewinner mit Kreuzfahrten, Reisen und allerlei Waren belohnt werden: ein weiteres Instrument, mit dem man Begeisterung erzeugt. Ziel ist es, von Vierteljahr zu Vierteljahr eine stetig zunehmende Dynamik zu erzeugen.

Die vierteljährliche Wachstumskurve lässt sich mit monatlichen Events fördern. In der heutigen, eigenartigen Welt des Network-Marketings scheint es immer mehr Networker zu geben, die sich in ihre Höhle verkriechen und versuchen, eine riesige Downline aufzubauen, ohne dass die Sonne jemals auf ihre Vampirhaut scheint!
Ich halte es für absolut notwendig, große lokale Gruppen aufzubauen. Gruppen, deren Mitglieder in einem Umkreis von 120 km um die eigene Wohnung herum wohnen, bieten für den durchschnittlichen Networker das Optimum an Einfluss, und das bei kostengünstigem Zeitmanagement.

Live-Meetings sind ein großartiges Werkzeug. Es ist eigenartig: Erfolglose Networker sagen häufig: „Niemand geht doch heutzutage noch zu Meetings!“ Ist man erst einmal eine Weile mit solchen Verlierern zusammen, dann versteht man, weshalb niemand kommen will!

In Bezug auf Meetings habe ich wohl jeden Fehler gemacht und jedes Experiment durchgeführt, das es nur gibt. Dreimal die Woche: Dienstag, Donnerstag und Samstag! Jeden zweiten Dienstag. Jeden Donnerstag. Einmal monatlich oder zweimal. Wir haben alles ausprobiert, was Sie sich nur denken können.
Gibt es zu viele Meetings, dann brennen die Führungskräfte aus, und das Ereignis verliert seinen exklusiven Charakter. Die Nebenberufler lassen das eine oder andere Meeting aus. Die Zahl der Gäste sinkt. Ich habe diesen Kreislauf im letzten Jahrzehnt zu häufig durchexerziert.

In den letzten paar Jahren haben wir eine Formel gefunden, die in unserem Fall fantastisch funktioniert. Wir veranstalten am ersten Donnerstag des Monats in meiner Hauptstadt ein „offenes Business-Briefing“. Wir führen jeden dritten Samstag des Monats ein Grundtraining für neue Geschäftspartner und ein Fortgeschrittenentraining durch. Wir buchen diese Termine ein Jahr im Voraus und veröffentlichen einen entsprechenden Kalender.

Wenn meine Führungskräfte einen neuen Geschäftspartner sponsern, nehmen sie den Kalender zur Hand und tragen diese beiden Trainings sofort mit ihnen ein. Das hat höchste Priorität.

Bei offenen Business-Briefings machen nur die beiden Spitzenreiter der Organisation eine Präsentation. Wir versuchten früher allzu schnell, das Meeting zu duplizieren. Wir forderten Anfänger zu früh auf, ans Mikrofon zu gehen, damit sie aus dieser Erfahrung lernen konnten. Damit schwächten wir das Meeting. Heute lernen Anfänger das Präsentieren in Coffee-Shops oder Wohnzimmern und entwickeln ihre Fähigkeiten weiter. Sie verdienen sich so das Recht, beim großen Meeting zu präsentieren.

Fester Bestandteil des offenen Business-Briefings ist die Anerkennungsrunde. Jeder, der im Vormonat einen neuen Rang erhalten hat, wird auf die Bühne gerufen und erhält vor allen Leuten sein Abzeichen. Bei dieser Gelegenheit bekommen wir auch ein paar Testimonials zu hören. Es macht viel Spaß, dabei zuzusehen, wie erwachsene Männer und Frauen rot werden, ins Schwitzen kommen und ein paar Worte ins Mikrophon stammeln. Es wirkt Wunder für das Selbstbewusstsein, das überlebt zu haben. Die gleichen Leute stehen auch beim nächsten Vierteljahres-Meeting auf der Bühne, aber statt „Hallo" zu 100 bis 200 Leuten zu sagen, stehen sie nun vor 1000 Zuhörern oder mehr. Irre!

Beim Grundtraining für neue Geschäftspartner können wir mehr in die Tiefe gehen und die Ausbildung standardisieren. So sieht beispielsweise ein Mann der Ebene 50 in seinem Kalender, dass er am Training teilnehmen soll. Er ist seit 5 Wochen im Geschäft und bringt einen Neuling mit, der erst seit 2 Wochen dabei ist. Wir können die Leute der Ebenen 50 und 51 nach dem gleichen System trainieren wie die der Ebenen 1 und 2. Auf diese Weise gewinnt Ihr Einfluss, Ihre Philosophie und Ihr Trainingssystem an Tiefe.

Viele Führungskräfte meiner Gruppe veranstalten jeden dritten Donnerstag im Monat ein so genanntes Familien-Meeting. Die Kleidung ist hier ein wenig informeller, aber immer noch professionell. Das Familien-Meeting findet im Wohnzimmer eines aufsteigenden Stars statt, und es nehmen meistens 20 bis 30 Leute aus der Gruppe plus Gäste daran teil. Sie präsentieren den Plan und führen ein Mini-Schnellstarttraining und anschließend eine Strategiesitzung durch.

Bei Gruppen, die ein Familien-Meeting machen, hat sich ein zeitlicher Abstand von zwei Wochen bis zum offenen Business-Briefing als äußerst vorteilhaft erwiesen. Sie können einen Zwischenspurt einlegen, um ein wenig zu wachsen, so dass sie beim offenen Briefing ein paar Leute auf die Bühne heben können, die dort eine Auszeichnung erhalten. Sie können auch Events, Wettbewerbe und Trainings promoten. Es funktioniert hervorragend und schmiedet das Team zusammen.

Was soll man tun, wenn das Familien-Meeting nicht mehr ins Wohnzimmer passt? Ein wunderbares Problem – wenn man es hat! Ich erinnere mich noch gut daran, dass ich nach der Convention im Juli 2000 vier aufsteigende Stars aus den Tiefen meiner Downline zu einer Strategiesitzung bei mir zu Hause eingeladen hatte. Sie erzählten ihrer Upline davon, die etwas durcheinander brachte, so dass am entsprechenden Abend 57 Leute bei mir auftauchten! Es wurde eine echte Party! Was für ein Spaß!

Wenn die Familien-Meetings zu groß werden, sollte man die stärkste Linie eigene veranstalten lassen, und zwar am gleichen Wochentag. Mal angenommen, es sind 5 Linien vertreten und es drängen sich insgesamt 39 Leute in Ihr Wohnzimmer, von denen 21 aus der Linie von Bob Silber stammen. Nehmen Sie Bob zur Seite, und bitten Sie ihn, die Leute aus der Silber-Gruppe im nächsten Monat zur selben Zeit zum Silber-Familien-Meeting in Bobs Wohnzimmer einzuladen. Alle anderen Leute aus der Gruppe treffen sich weiterhin bei Ihnen. Heben Sie das beim Meeting als großes Ereignis hervor, und schenken Sie Bob ausgiebigen Applaus. Bringen Sie die anderen 4 Linien dazu, nächsten Monat neue Gäste mitzubringen.

Am nächsten dritten Donnerstag im Monat kommen 24 Geschäftspartner und 9 Gäste zu Bob nach Hause und 21 Geschäftspartner plus 11 Gäste zu Ihnen. Fantastisch!

In den nächsten 6 bis 9 Monaten wird Bob in der Tiefe seiner Downline ein paar weitere Familien-Meetings ausgegliedert haben und Sie ebenso. Ihre Gruppe wird dann jeden dritten Donnerstag im Monat fünf oder sechs Familien-Meetings durchführen. Und zwei Wochen später treffen sich ALLE im offenen Business-Briefing, davon 90 Leute aus Ihrer

Downline plus 33 Gäste, und es gibt 18 Auszeichnungen auf der Bühne. Ihre Gruppe allein wird 15 Stuhlreihen besetzen!

Zusammengefasst veranstalten wir also jeden ersten Donnerstag im Monat ein offenes Business-Briefing. Jeden dritten Samstag machen wir ein Training für neue Geschäftspartner. Jeden dritten Donnerstag gibt es ein kleineres Familien-Meeting. Was machen wir die anderen 27 Tage im Monat?

PDP, PDP, PDP!!!!

Wenn Ihre Gruppe nicht genügend 1-zu-1-Treffen durchführt, sinkt die Zahl der neuen Gäste beim offenen Briefing und beim Familien-Meeting. Dadurch sinkt die Zahl der Leute, die zu einem höheren Rang aufsteigen, was die Dynamik untergräbt und die Teilnehmerzahl der vierteljährlichen Meetings senkt. Damit die Maschine läuft und man von Quartal zu Quartal dauerndes Wachstum erzeugt, muss Ihre gesamte Organisation genügend oft den Plan präsentieren.

Wenn ich Mitglied in Ihrem Team würde, wie viele Pläne müsste ich monatlich präsentieren, damit ich es auf Ihre Liste „aufsteigender Stars" schaffe? Haben Sie eine Mindesterwartung in Ihrer Organisation?

In meinem Team erwarten wir mindestens 15 persönliche Präsentationen im Monat. Das können 1-zu-1-Treffen der Frontline sein oder 2-zu-1-Präsentationen in der Tiefe. Bei einem Parttimer sind das 2 Abende pro Woche mit jeweils 2 Gästen. Das ist genügend Aktivität, um Wachstum zu erzeugen – wenigstens ansatzmäßig.

Ich finde: Wer monatlich unter 15 Präsentationen macht, betreibt Hobby und will es nicht wirklich an die Spitze schaffen. Sie sollten diesen Leuten Sympathie entgegenbringen, sie ermutigen und in Gruppen unterstützen und trainieren, aber Sie sollten sich zu 90 % auf die Leute richten, die wirklich Leistung bringen.

Was ist mit denjenigen, die im Web rekrutieren, nationale Konferenzschaltungen organisieren oder per Post rekrutieren? Ich arbeite nicht mit solchen Leuten. Ich kann ihnen nicht beibringen, wie man das dupliziert. Wenn sie das Rad neu erfinden wollen, bitteschön! Ihre Leistungen sind willkommen, aber ich rechne auf Dauer nicht mit ihnen.

Es ist mein Ziel, alle fünf Jahre drei bis vier Menschen zu finden, die lebenslang ein sechsstelliges passives Einkommen erreichen wollen, nachdem sie sich drei bis fünf Jahre als professionelle Network-Marketer 15 Stunden die Woche alle Mühe gegeben haben, dorthin zu gelangen.

Wenn ich solche Menschen finde, arbeite ich so lange mit ihnen, bis sie die dafür nötigen Führungsqualitäten und Grundüberzeugungen gewonnen und die Organisation ins Leben gerufen haben, die dafür nötig ist, diesen Lebensstil zu verwirklichen. Wenn ich mein Ziel erreiche, wird mein Einkommen alle 5 Jahre mit mindestens einer Viertelmillion wachsen. Und dabei gewinnt jeder.

Was sind Ihre Ziele?

Kapitel 7

Die Kunst der Tiefe

Kapitel 7 – Die Kunst der Tiefe

Dies wird ein faszinierendes Kapitel. In den ersten 7 Jahren meiner Tätigkeit im Network-Marketing hatte ich nicht die leiseste Ahnung, was Tiefe wirklich war. Natürlich wusste ich, dass es bedeutete, dass jemand, den ich rekrutiert hatte, jemand anderen sponserte. So viel war mit klar. Mir war jedoch nicht klar, dass es in Wirklichkeit die magische wirtschaftliche Maschinerie war, die den gesamten Gewinnmechanismus in Gang setzte.
Ich hatte natürlich die Sprüche gehört: „Breite bringt Wohlfahrt, Tiefe bringt Sicherheit", oder: „Schnell in die Breite gehen." Aber das hatte bei mir keinen bleibenden Eindruck hinterlassen - bis ich anfing, dieses Geschäft wirklich zu verstehen.

Eines der besten Bücher zum Thema stammt von Bob Crisp: *Feeding A Giant*. Bob war dreifacher Diamond bei Amway, und zu seiner Gruppe gehören über 200.000 Personen. Sie erhalten das Buch bei Amazon.

Die Leute von Amway verstehen wirklich was vom Geschäft. Sie sind meisterhafte Techniker. Kein Wunder, dass Dexter Jagers Downline größer ist als irgendeine Network-Marketing-Firma weltweit.

Nachdem ich dann endlich einige Geheimnisse der Tiefe verstanden hatte, änderte sich meine gesamte Laufbahn. In den späten 80ern und frühen 90ern – meine ersten 7 Jahren in dieser Branche – brachten meine wohlmeinenden, aber fehlgeleiteten Uplines mir einige grundlegende Dinge bei. Erstens: So viel Kontakte wie möglich im kalten Markt zu knüpfen. Zweitens: Potenzielle Geschäftspartner vom kalten Markt ins nächste Meeting in einem Hotel zu schleppen. Drittens: Sie im Meeting auf einem Stuhl zu parken und dafür zu sorgen, dass der Herr Glattschwätz vorn auf der Bühne sie ködert. Viertens: Ihnen für Diät-Kräuter oder Wasserfilter $2000 bis $5000 abzuknöpfen. Fünftens: Im nächsten Monat das Gleiche zu tun und zu hoffen, dass der Typ, den ich im letzten Monat mitgebracht habe, Flyer verteilt, Anzeigen schaltet und auf die gleiche Art Leute zu Meetings schleppt wie ich.

Erkennen Sie an diesem Vorgehen ein oder zwei Probleme? Das hat sich auch im 21. Jahrhundert nicht sehr geändert: Schalte Banner-Anzeigen im Internet, versende massenweise E-Mails und Karten, schalte Anzeigen in Network-Marketing-Junkie-Zeitschriften und kanalisiere jeden auf eine Webseite, die für den Verkauf sorgt. Lassen Sie sie unterschreiben, erklären Sie ihnen, wann die wöchentlichen Trainings- und Rekrutierungskonferenzschaltungen der Upline stattfinden, und machen Sie weiter. Ist es da ein Wunder, dass der Verlauf einiger Unternehmen bei 100 % liegt? Es gibt buchstäblich Firmen, die mehr Leute abfackeln, als sie gewinnen. Wenn sie diesen Trend nicht stoppen, gehen solche Firmen unter.

Ich habe das am Beispiel einer Firma, der ich mich angeschlossen hatte, hautnah studieren können. Bestimmte Organisationen verzeichneten durch den Versand von Kassetten, Anzeigen, E-Mails und durch Konferenzschaltungen sprunghaftes Wachstum. Weil sie aber keinerlei Mechanismen hatten, um ihre Führungskräfte und Geschäftspartner weiterzubilden oder örtliche Gruppen zu schaffen, die ein Fundament für kontinuierliche Produktivität legen, war der Verschleiß nach zwei Jahren bereits immens.

Im vergangenen Jahrzehnt habe ich Firmen gesehen, die mit irgendwelchen Tricks, Persönlichkeiten, Werkzeugen oder Provisionsplänen eine riesige Dynamik entwickelten. Das Problem ist nur, dass die Tricks nie lange halten. In den späten 90ern war der letzte Schrei, heiße Network-Marketing-

Adresslisten zu kaufen, das Haus mit einer Hypothek zu belasten und monatlich 1000 bis 10.000 Kassetten an völlig fremde Menschen zu schicken.
Die Listenverkäufer wurden reich. Die Spitzenkräfte mit großen, bereits existenten Downlines von 1000 Soldaten, die monatlich 1000 oder mehr Kassetten verschickten, scheffelten etwa ein Jahr lang Geld. Als das mit den Kassetten nichts mehr brachte, machten Leute pleite und schlossen sich der nächsten heißen Sache an oder hörten ganz mit Network-Marketing auf. Ich habe gehört, dass in den USA etwa 5 Millionen so genannte „Dead Docter"-Kassetten verschickt worden sind. Als ich im australischen Melbourne war, gab mir jemand aus meiner Downline dort eine dieser Kassetten. Ich rief die Nummer an, die jemand mit einem schwarzen Filzschreiber auf die Rückseite der Hülle gekritzelt hatte. Ein interkontinentales Ferngespräch in die Vereinigten Staaten. Der Typ hatte eine heiße Adressliste gekauft und die Kassette verschickt, weil er nicht wusste, wo Melbourne NSW war. Gesamtkosten für Umschlag, Adresslabel, Adresse, Briefmarken und Kassette: etwa €2 . Dumm nur, dass die Firma kein Interesse an Australien hatte und auch nicht dorthin wollte. Stellen Sie sich vor, wie viele Leute ihr Geld so aus dem Fenster geworfen haben. Die Armen! Ist es da ein Wunder, dass viele Leute unsere Branche für die reinste Abzocke halten?

Ich bin davon überzeugt, dass jede Organisation, die sich nicht um den Nachwuchs an Führungskräften kümmert, nur kurzfristig Erfolg haben kann. Dazu gehört auch, Kunden für irgendwelche Modeprodukte zu gewinnen.
Produktpreise und Qualität sind im Network-Marketing wichtig, aber was das Wachstum eines Unternehmens betrifft, stehen sie nicht an zweiter oder dritter Stelle. Ich bin fest davon überzeugt, dass der wichtigste Wachstumsfaktor einer Network-Marketing-Firma die Erzeugung einer einfachen, leicht duplizierbaren Botschaft und Methode der Akquise neuer Geschäftspartner ist. Der zweitwichtigste Faktor ist ein Programm, mit dem man Führungskräfte im Feld ausbildet, und zwar gebündelt mit einem Trainingsprogramm für neue Geschäftspartner, das ihre persönliche und geschäftliche Entwicklung fördert, damit das Feld von gut ausgebildeten, professionellen Network-Marketern beackert werden kann.

Ich fordere jeden Chef einer Network-Marketing-Firma heraus, 100 willkürliche Network-Marketer auszuwählen und sich mit ihm oder ihr persönlich an einen Tisch zu setzen. Geben Sie ihm ein Flipchart und einen Filzstift oder Stift und Papier und Zugang zu jedem Mittel oder Werkzeug, das er braucht, und sagen Sie: „Okay, rekrutieren Sie mich."
Tun Sie das 100 Mal. Ich bin mir sicher, dass jeder Chef, der diese Herausforderung annimmt, schockiert und tief enttäuscht sein wird, weil über 80 % seiner Verteiler nicht die leiseste Ahnung haben, was zu tun ist. Sie werden mindestens 80 völlig unterschiedliche Präsentationen sehen, die einander kaum oder gar nicht gleichen. Vielleicht werden 20 % etwas mehr Ähnlichkeit haben und effektiver sein.

Sicherlich wird es Ausnahmen geben. Dennoch bin ich mir sicher, wenn sie Leute aus meiner Gruppe nehmen würden, würden wir bei diesem Test durchfallen, wie alle anderen. Unser Prozentsatz wäre sicherlich höher – glaube ich – besonders wenn man 100 aus der Basistruppe nehmen würde, die an unseren Trainings und Meetings teilnehmen und unsere Werkzeuge und Instrumente einsetzen. Wie wäre das bei Ihrer Organisation?

Das Wort Tiefe im Network-Marketing bedeutet so viel wie Duplizierbarkeit. Je komplizierter die Botschaft, desto langsamer wächst die Organisation. Eine einfache Botschaft kann hunderte oder gar tausende Generationen in einer Linie ohne nennenswerte Veränderung überleben. Eine komplizierte Botschaft hingegen mutiert schon innerhalb der ersten 5 bis 10 Generationen. Es ist wie das Spiel, das

wir als Kinder gespielt haben. Der Lehrer, oder wer auch immer anfängt, flüstert dem ersten Kind ins Ohr: „Der Regen in Schweden fällt auf den Wald und die Ebenen." Jedes Kind flüstert es dem nächsten ins Ohr und wenn der Satz beim 25. Kind angekommen ist, hört er sich vielleicht so an: „Der Bundespräsident ist letzte Woche aus dem Fenster gefallen!"
Wie all diese Information verbinden und sie zu unserem Vorteil nutzen?

Zusammenfassung:

- „Schlamm an die Wand schmeißen, weil schon etwas kleben bleiben wird" ist keine wirksame Methode, um langfristig ein erfolgreiches Geschäft aufzubauen.
- Modische Produkte oder Rekrutierungs-systeme im kalten Markt erzeugen kein dauerhaftes Wachstum.
- Man braucht unbedingt eine einfache, einheitliche Botschaft und ein klares, duplizierbares System für die Rekrutierung und Aktivierung.
- Der Wert einer Network-Marketing-Firma basiert auf den Fähigkeiten und Werten der Geschäftspartner. Gute Leute machen gute Firmen.

Die Kunst der Tiefe hängt eng mit diesen vier Elementen zusammen. Ich will Ihnen ein Praxisbeispiel aus erster Hand geben.

1994 sponserte ich meinen Freund Peter in meiner Frontline. Wir machten im Dezember 1994 unsere erste gemeinsame Präsentation im Keller der Wohnanlage, in der ich wohnte. Wir mieteten den Party-Keller für $20 und luden etwa 25 Gäste ein. Unser Glück wollte es so, dass an jenem Abend ein riesiger Schneesturm wütete – deshalb kamen nur 4 von den 25 Leuten, die zugesagt hatten (zwinker!).

Nach einem Monat hatte Peter richtig angefangen. Er wusste, wie man einen Plan präsentiert und hatte ein paar Kunden, zwei Leute in seiner Frontline und insgesamt etwa fünf Leute unter sich. Was sollte ich nun tun?

Quiz

3000 Kilometer weit entfernt eine Massenwerbung starten?

Mit Peters besten neuen Rekruten arbeiten?

Peter aus dem Nest werfen und meine Frontline ausbauen?

Peter anschreien, die Tür zuschlagen und verbranntes Gummi auf seiner Auffahrt hinterlassen? (Hoppla, das falsche Quiz.)

Es kommt auf die Glaubwürdigkeit der Firma an und auf Ihre wahren Ziele. Wenn Sie davon träumen, ein riesiges Geschäft aufzubauen und für den Rest Ihres Lebens ein arbeitsfreies Einkommen zu bekommen, dann müssen Sie wissen, wie viele echte Linien Sie brauchen, damit Sie ein sechsstelliges Einkommen erzielen. Amway? 6 eigene Linien, um Diamond zu werden. Nuskin? 6 Exekutive Linien, um zum Blue Diamond zu werden. NSA? 6 Verkaufskoordinator-Linien, um NMD zu werden. Usana? 4 Linien, die $5000 pro Woche bringen, um zum Emerald zu werden. Sie sehen, wie's läuft.

Wenn Sie erst mal wissen, was Sie erreichen wollen, wissen Sie auch, wie viele Abende die Woche Sie arbeiten müssen, um wirklich dauerhaft Erfolg zu haben. Ich glaube, eine Linie erhält wirklich Zugkraft und Tiefe, wenn ich zwei Abende pro Woche daran arbeite. Wenn ich wirklich hart und ein Jahr lang 6 Abende pro Woche arbeite, kann ich 3 Linien schaffen. Realistisch betrachtet ist eine Kampagne für 2 Linien pro Jahr für Parttimer machbar. In diesem Fall könnte man in 3 bis 4 Jahren 6 Linien schaffen.

Sind Sie bereit, 4 Abende pro Woche – insgesamt 15 bis 20 Stunden – zu arbeiten, und zwar 3 bis 5 Jahre, um ein sechsstelliges

Einkommen zu erzielen? Es ist wirklich extrem einfach, wenn Sie Ihren Fähigkeiten den nötigen Feinschliff geben und die Mentalität eines Siegers entwickeln.
Was heißt „an einer Linie arbeiten“?

Zurück zu meinem Kumpel Peter: Er hatte sich dem Programm verschrieben. Warum sollte ich ihn vor die Wölfe werfen und eine neue Linie in meiner Frontline schaffen? Ich entschied mich, im ersten Jahr an 3 Linien zu arbeiten - und zwar 6 Abende die Woche - und das im zweiten Jahr zu wiederholen. Damit würde ich es nach lediglich 24 Monaten bis an die Spitze des Provisionsplans geschafft haben.

Also arbeitete ich zwei Abende die Woche an dem tiefsten, heißesten Punkt der Linie unter Peter. Ich gab mir große Mühe, die neuen Leute zu treffen, die dieser Linie beitraten und bot an, mit denen zu arbeiten, die die meiste Begeisterung mitbrachten. Ich zog einen Kreis von etwa 200 Kilometern um meine Wohnung. Das war mein lokales Umfeld. Ich konnte die Stadt um 17 Uhr nach meinem Job verlassen, gegen 20 Uhr in der Wohnung des potenziellen Geschäftspartners sein, den Plan präsentieren und hinterher ein Mini-Training geben und gegen 1 Uhr nachts wieder zu Hause sein.
Sie können mir glauben: In vielen Nächten war die Heimfahrt die einsamste Reise, die Sie sich vorstellen können. Drei Stunden fahren und nichts erreicht. Ich weinte häufiger auf dem Weg nach Hause und träumte, wie mein Leben sein würde, wenn ich es an Spitze geschafft haben würde.

Bei meiner Arbeit in der Tiefe unter Peter suchte ich nach Menschen, die bereit waren, das gleiche Engagement zu entwickeln, das wir hatten.

Ließen sie sich automatisch beliefern?
Hatten sie einen Terminplaner?
Lasen sie Bücher, und ließen sie sich die Kassette des Monats zuschicken?
Nahmen sie an allen Treffen und Trainings in einem Radius von 80 Kilometern teil, die ihre Upline ihnen empfohlen hatte?
Hatten sie eine Master-Liste mit 100 Namen?
Brachten sie Gäste zu den Meetings mit?
Hatten sie einen Anrufbeantworter der Firma?
Waren sie für den Erfolg gekleidet?

Solche Leute wollte ich kennen lernen und nahm sie in meinen Präsentationskalender auf. Und ich arbeitete zwei oder drei Wochen lang mit ihnen am Geschäftsaufbau.
Es war erstaunlich, wie viel Begeisterung diese Aktivität in der Linie weckte. Ich schickte beispielsweise jedem zwischen der Person, mit der ich arbeitete, und mir eine Voice-Mail. Zum Beispiel:

„Hallo, hier spricht David. Sie empfangen diese Voice-Mail, weil ich kommenden Donnerstagabend ein Meeting bei einem wunderbaren neuen Paar veranstalte: bei Jane und Bill Smith. Sie befinden sich auf meiner 14. Ebene und sind unter Ihnen. Ich möchte Sie alle herzlich einladen, Jane und Bill bei diesem Meeting zu unterstützen. Die Adresse lautet 123 Pine Street. Das Meeting fängt um halb acht an, und Sie sollten um 7 Uhr da sein. Sie dürfen nur einen Gast mitbringen, denn mehr Platz haben wir dort nicht. Wenn Sie Fragen haben, drücken Sie die 2, und schicken Sie mir Ihre Frage. Bis dann!“

Und was passiert? Jane und Bill haben das erste Meeting bei sich zu Hause, und 3 bis 4 Gäste sind eingeladen. Aber 10 Leute von ihrer Upline kommen auch und bringen 5 weitere Gäste mit. Das ist eine Party! Jede Menge Begeisterung und Energie – und außerdem unterschreibt eine ganze Reihe der Leute!

Dank dieses Modells war Peters Gruppe nach den ersten 12 Monaten fast 1000 Personen groß, und nach 4 Jahren waren es über 10.000. Wie wäre es, wenn Sie ein paar Linien wie diese hätten? Ein Highlight waren auch die hervorragenden Führungskräfte in einigen dieser Linien.

Ich erinnere mich an einen kalten Wintertag Anfang 1996. Peter und ich und unsere Gattinnen fuhren drei Stunden lang durch einen Schneesturm zum Haus einer 68-jährigen Großmutter, die ein paar Freunde eingeladen hatte. Wir wussten nicht, dass sie seit vielen Jahren eine „Bienenkönigin" des Network-Marketings war, und bei ihrem ersten Meeting in ihrem Haus saßen überall Leute. Auf jedem Stuhl, jeder Couch und sogar auf den Treppen zu ihrem Wohnzimmer saßen Leute. Es war brechend voll! Und obwohl wir 45 Minuten zu spät kamen, konnten wir ihr helfen, ihr Geschäft zu lancieren.

Sie war so sehr davon beeindruckt, dass die zwei örtlichen Spitzenkräfte sie unterstützen wollten, dass sie beschloss, wirklich auf die Tube zu drücken. Und ich meine: richtig kräftig! In kürzester Zeit war ihre Gruppe über 500 Personen groß, setzte monatlich über $40.000 um, und als sie 70 wurde, kaufte dieses Energiebündel sich einen der heißesten Sportwagen im Lande!

Das hatte einen erstaunlichen Effekt auf ihre Upline. Genau über ihr war ein 25-jähriger Mann, der wie ein Hippie aussah und Eddie hieß. Ed wurde von der Begeisterung ergriffen, und seine Sideline setzte schon bald $15.000 im Monat um. Über Ed befindet sich Mario. Sein Umsatz betrug bald darauf erstaunliche $50.000 im Monat! Über Mario befindet sich Eric, der $25.000 umsetzt. Und über Eric befindet sich Peter, dessen Umsatz unglaubliche $125.000 beträgt! Indem wir uns um die Führungskräfte in der Tiefe kümmerten, schufen Peter und ich eine Organisation, die über $250.000 im Monat umsetzt. Keine schlechte Linie, oder?

Christine, die Großmutter, 30 Generationen von mir entfernt, ist am erstaunlichsten von allen. Ihre Begeisterung war der Katalysator, der zu einem millionenfachen Umsatz über und unter ihr sorgte. Ich frage mich manchmal, wie mein Leben wohl aussehen würde, wenn wir uns nicht durch den Schneesturm gequält hätten.

Eine meiner Linien besteht aus etwa 2500 Menschen und wächst prima. Der Spitzenmann in dieser Linie ist auf Ebene 60!

Ich erinnere mich, wie ich einmal den Sohn eines millionenschweren Anlageberaters sponserte. Ich präsentierte ihm den Plan im Golden Griddle Pfannkuchenhaus in Missisauga im kanadischen Ontario. Ich hatte das Unternehmen und die Produkte präsentiert (es gab damals nur drei, ich brauchte also nicht lange) und kämpfte mich gerade durch den Provisionsplan, als er mir seine goldene Visa-Karte zuschob. Ich wusste, dass er arbeitslos war und war beeindruckt, dass er diese Karte besaß. Ich sah ihn erstaunt an.

Er sagte: „Ich bin dabei." Ich wusste nicht, was ich tun sollte. Es war erst meine 4. Präsentation, seit ich mich dem Unternehmen angeschlossen hatte. Ich war es gewohnt, den Plan zu buchstabieren und dann mein armes Opfer platt zu argumentieren. Ich kramte den Aufnahmeantrag hervor, und wir füllten ihn in meinem „Büro" im Pfannkuchenhaus aus.

Als er ging, bat er mich, ihn später anzurufen, um ein paar Verabredungen zu treffen. Er führte mich zu einem Software-Designer, ein netter Typ, aber ein wenig überdreht. Er war an ein paar Deals beteiligt gewesen: Matol, DDI und Gold Unlimited. Ich präsentierte ihm den Plan, und er schob seine Karte rüber. Er sagte: „Ich bin voll mit Gold Unlimited beschäftigt, aber hier sind 6 Namen. Rufen Sie sie an, und ordnen Sie sie unter mir ein."

Ich habe diesen Mann die letzten 7 Jahre nur zwei Mal gesehen, aber ich werde ihm ewig dankbar sein für die 6 Namen! Ich rief sie kalt an und nannte seinen Namen. Von den 6 schlossen sich letztlich 2 an. Einer davon war 45 Jahre alt und lebte im Keller seiner Mutter von der Stütze. Aber er führte mich zu einem Musiker, der mich zu einer blinden Dame führte, die mich zu einem Drucker führte, der mich wiederum zu einem Kettenraucher und ehemaligen

Hockey-Spieler führte, der bei NSA und BHI ein paar Groschen dazuverdiente, der mich zu einem Barbesitzer führte, der mich zu einem Mann führte, der wegen Körperverletzung im Gefängnis landen sollte, der mich letztlich zu dem Star dieser Linie führte, einem ehemaligen Immobilienmakler, der ein solides Geschäft aufbaute.
Diese Linie hat seit 1996 einen Umsatz von 2 Millionen Dollar gemacht. Es macht sich bezahlt, am tiefsten Ende der Linie zu arbeiten. Es führt zu Begeisterung und jeder Menge Umsatz (was wiederum zu neuen Spitzenleuten führen könnte), was wiederum Provisionen bringt und einen besseren Lebensstil.

Ich habe einige Fehler gemacht. Einige Fallgruben des Marketings und der Planung werde ich in einem anderen Kapitel schildern. Aber ich möchte hier einen wesentlichen Fehler beim Aufbau einer Linie nennen, nämlich zu früh damit aufzuhören, sie in die Tiefe zu treiben.

Eine meiner Linien besteht aus über 1500 Personen, aber sie ist tot. Es gehören ein paar hundert Leute dazu, die jeden Monat Produkte kaufen, aber nur weniger als ein Dutzend davon verdienen monatlich einen Provisionsscheck. Es gibt kein Anzeichen für Führungskraft in dieser Linie. Niemand macht Pläne, niemand veranstaltet Meetings bei sich zu Hause, nur äußerst selten erscheint mal einer auf einem Meeting. Weshalb ist das geschehen?

Diese Linie fing damit an, dass mir jemand weiterempfohlen wurde, eine Frau, die 3000 Kilometer entfernt wohnte und viel versprechend war. Ich rief sie an, um sie im Team willkommen zu heißen. Ich fragte sie, ob sie jemanden in der Nähe von Toronto kennen würde. Sie gab mir nur einen Namen, aber es war eine gute Empfehlung. Er war der Eigentümer einer Network-Marketing-Kaffeefirma, die pleite gemacht hatte. Allerdings hatte er noch 8000 Personen in einem anderen Geschäft, einer Firma, die Diätgetränke vertrieb. Die Schwierigkeit war nur, dass er, damit er $5500 im Monat verdienen konnte, monatlich für $4000 Produkte einkaufen musste.

Der Mann trat meinem Team bei und brachte mich dazu, 2 Präsentation für ihn zu machen. Die erste war bei einem verrückten Karatekämpfer. Er kaufte einen Kit und verschwand 2 Wochen später, als seine Frau ihn bei einem Seitensprung mit einer Nachbarin erwischte und aus der Wohnung schmiss. Davor rettet auch das beste Kung-Fu nicht!
Der zweite war ein Siegertyp. Er trat bei. Ein paar Wochen später rief mich ein Fremder an. Es war sein Bruder. Er bat mich um eine Präsentation und wohnte etwa 1 Stunde von mir entfernt. Ich zog meine sauberste Jeans und mein bestes Hemd an und fuhr etwa eine Stunde nach Norden. Erst dachte ich, dass ich mich in der Adresse geirrt hätte, denn es war eine riesige Villa. In der Auffahrt standen eine ganze Reihe toller Schlitten, wie Mercedes und BMW. Ich war nervös wie eine Katze im Hundezwinger!

Er war Eigentümer einer erfolgreichen Grafikfirma. Er stellte mich unter anderem einem Rechtsanwalt, einem Buchhalter und einem Druckereibesitzer vor. Alle waren hervorragend gekleidet, keiner war unter 50, und alle waren sehr erfolgreich. Und so stellte er mich vor: „Liebe Freunde, vielen Dank, dass ihr alle gekommen seid. Dieser junge Mann ist unglaublich erfolgreich. Er wird uns beibringen, wie man sich besser fühlt, den Alterungsprozess verlangsamt und Krankheiten vorbeugt. Hier ist David Ledoux.“

Sehen Sie den Unterschied? Das war eine Linie mit hervorragenden Leuten, aber sie hatten alle genügend Geld. Sie wollten die Menschen heilen. 2 Jahre lang bewegte diese Linie einen immensen Umsatz, und ich dachte, es sei alles geregelt. Ich ließ sie im Grunde allein. Ein großer Fehler.

Ich hatte nie genügend Zeit investiert, um

professionelle Network-Marketer oder Führungskräfte in dieser Linie aufzubauen. Und wie das mit Profis nun mal ist, sie beschäftigen sich mit ihrem Leben und anderen Geschäften. Also hörten sie auf, Gesundheitsseminare zu veranstalten und Pillen zu promoten. Die Verkäufe fielen nach und nach und blieben dann stabil. Heute macht die Linie einen netten Umsatz, aber ich weiß, wenn ich da nicht wieder in die Tiefen gehe und mir jemanden suche, der auf die Produkte steht und außerdem finanziell unabhängig sein will, dass diese Linie im Lauf der nächsten 10 Jahre zusammenbrechen wird.
Es macht wirklich wenig Spaß, sich wieder um eine Linie kümmern zu müssen. Aber es kann passieren. Am wichtigsten ist, dass man erfolgreiche Führungskräfte entwickelt. Manchmal kann eine schwache Quasi-Spitzenkraft das Schiff wechseln und ein paar Dutzend oder Hundert Parttimer mittleren Niveaus mitnehmen. Das kann die Linie ziemlich beuteln.

Sie sollten sich mindestens ein Mal im Monat darum kümmern, wer in den einzelnen Linien auf bestem Wege ist, ein professioneller Network-Marketer zu werden, ein Durchstarter. Einer meiner Schlüsselleute zeigte mir einmal seine Downline, mit 7 Kreisen in der einen und 3 in der anderen Linie. Als ich ihn um die Einzelheiten bat, sagte er: „In der einen Linie sind 7 Leute, die jederzeit den Plan präsentieren können, und in der anderen sind es nur 3 unabhängige Führungskräfte."

Wie viele Leute in Ihren Linien haben sich wirklich diesem Geschäft verschrieben? Sind sie zwei bis fünf Abende die Woche dabei, ihre Leute zu sponsern und auszubilden, oder machen sie sich ganz von Ihnen abhängig?

Notizen:

Kapitel 8

Das Mastermind-Konzept

Kapitel 8 – Das Mastermind-Konzept

Der Aufbau einer lokalen Organisation ist als Fundament für den Erfolg im Network-Marketing außerordentlich wichtig. Man kann schneller arbeiten und braucht sehr viel weniger Reisezeit. Man hat mehr Einfluss und kann schnell einen guten Draht zu den Leuten aufbauen. Man kann spektakuläre Events veranstalten und damit eine umfassendere Vision schaffen. Es ist eine Situation, von der alle Beteiligten profitieren.

Als ich das Network-Marketing zur Vollzeitbeschäftigung machte, hatte ich tagsüber eine Menge Zeit. Meine Gruppe bestand aus 150 Personen, und vor Ort machten 15 Leute in „Vollzeit" mit. Ich habe das zwischen Anführungsstriche gesetzt, weil es sich dabei entweder um Arbeitslose oder um Hausfrauen handelte. Ich möchte Ihnen hier von zwei Fehlern berichten, die ich in meinen Anfangszeiten mit Leuten gemacht habe, die man eigentlich nicht als „Vollzeit-Networker" betrachten sollte.

Fehler Nr. 1:
Ich mietete ein Büro in einem Bürogebäude. Ich war zwar fast pleite, aber ich gab $350 monatlich dafür aus, eine Viertelstunde aus meiner kleinen Wohnung ins Büro zu fahren. Die Verwalterin vermietete mir das größte Büro und machte mir einen guten Preis. Im Büro stand eine alte Couch. Schon nach wenigen Tagen war mein Büro ein „Klubhaus".
Die Couch wurde zum Aufenthaltsort für allerlei eigenartiger Vögel in meiner Downline, die durch mein Büro flogen. Ich musste Bürozeiten von 9 bis 17 Uhr einhalten, weil man ja nie wusste, wer „mal vorbeischauen" würde. Es war schwer, an irgendetwas zu arbeiten, weil meine „Vollzeit-Leute" auf dem Weg nach Hause vom Sozialamt oder dem Arbeitsamt auf einen Kaffee vorbeischauten und manchmal „potenzielle Geschäftspartner" mitbrachten, die sie mit einer kostenlosen Tasse Kaffee geködert hatten.

Aber ich will fair sein, meine bunte Truppe und ich haben dort auch ein paar Leute gesponsert. Es gab einen Sitzungssaal. Ich erinnere mich, dort zwei Leuten eine Präsentation gegeben zu haben, die Pakistan für unser Unternehmen öffnen wollten. Es dauerte Stunden, ihnen genau zu erklären, wie unser Plan funktionierte und dass wir noch nicht in Pakistan waren und in voraussehbarer Zukunft auch nicht vorhatten, dorthin zu gehen. Sie waren unnachgiebig, und so schlugen wir der Firma schließlich vor, ihnen für $100.000 Produkte zu verkaufen, die sie in Pakistan wiederverkaufen konnten. Leider war das Ganze ein Flop. Aber wir haben viel gelernt.

Fünf Monate später hatte ich das Büro gekündigt. Und raten Sie mal, was dann geschah? Drei Monate, nachdem ich die Pläne wieder in Wohnzimmern und Coffee-Shops präsentierte, war ich zwei Stufen aufgestiegen und durchbrach die Umsatzmauer von $5000 im Monat.
Hüten Sie sich davor, in die Klubhausfalle zu gehen!

Fehler Nr. 2:
Nach etwa einem Jahr hatten sich vor Ort ein paar Spitzenleute entwickelt. Ich wollte mehr Zeit mit ihnen verbringen, ihre Vision fördern und eine gute Beziehung zu ihnen aufbauen. Wir begannen an einem Montagmorgen mit einem Mastermind-Meeting in einem Restaurant, das für uns alle zentral lag. Ich brauchte etwa eine Stunde für die Anfahrt, und der am weitesten entfernte Teilnehmer brauchte 90 Minuten. Im Restaurant gab es einen geschlossenen Raum, den wir kostenlos benutzen konnten, sofern wir alle dort ein Frühstück bestellten.

Wir fingen also 1996 mit den montäglichen Frühstückstreffen an, und zwar immer um halb acht morgens, damit diejenigen, die noch arbeiten gehen mussten, kommen konnten und immer noch rechtzeitig zur Arbeit kamen.

Wir fingen mit etwa einem Dutzend Teilnehmern an. Und es lief fantastisch! Wir feierten unsere Siege gemeinsam, trösteten uns bei Fehlschlägen und unterstützten uns gegenseitig. Wir tauschten Bücher, Kassetten und Ideen über persönliches Wachstum aus und hatten viel Spaß. Es gab keine formelle Struktur, und das wurde schließlich zum Thema.

Als die Organisationen der Teilnehmer wuchsen, wollten wir andere mit ins Mastermind-Meeting bringen. Innerhalb eines halben Jahres waren wir mehr als 40! Das war anfangs ganz gut, wurde aber schon bald zum Problem. Das Restaurant war irritiert, wie viele Leute wir in den kleinen Raum unterbrachten. Und schließlich gab es keinerlei Gruppendiskussion mehr, sondern nur noch den Lärm von 20 zeitgleichen Gesprächen. Mastermind ade! Leute brachten kalte, potenzielle Geschäftspartner mit, die sich auf Anzeigen hin gemeldet hatten und erwarteten irgendwie, dass ich oder eine andere Spitzenkraft den Zauberstab bewegte und ihn rekrutierte.

Eines Tages hörte ich einen besonders ungepflegten Teilnehmer, wie er versuchte, seinen Kumpel für eine Offshore-Pyramide zu rekrutieren. Und was der Gipfel war: Der Typ war bekifft, und das um 8 Uhr morgens! Das war's! Dies sollte eigentlich meine Elitetruppe sein, das Team, das mir helfen sollte, die Welt zu verändern!

Ich kündigte an, dass dies das letzte Mastermind-Meeting in diesem Format war. Ab Anfang nächster Woche würden wir die Leistungen jedes Einzelnen anhand des Punktesystems aus dem Handbuch *Road to Gold* (Straße zum Gold) bewerten. Jeder würde der Reihe nach vor der Gruppe stehen und erläutern, was er oder sie in der Vorwoche getan hatte, um sein Geschäft zu fördern. Nach diesen Worten vertagte ich den Frühstücksklub…

In der Woche darauf hatte sich die Teilnehmerzahl von 45 durch Zauberkunst auf hantierbare 19 reduziert! Sie hätten die Gesichter einiger Teilnehmer sehen sollen, als ich mein Versprechen der Vorwoche einlöste. Mehrere Teilnehmer, die seit Monaten jeden Montag mit uns gefrühstückt, aber nichts geleistet hatten, erwischte es kalt. Sie stotterten und versuchten, sich mit Lügen rauszuwinden. Einer hatte nicht einmal seinen Terminkalender dabei. Er las die Produktionszahlen aus dem Menü des Restaurants vor und glaubte, dass mir das nicht auffallen würde!

In der darauf folgenden Woche waren wir 16 Mitglieder, und das blieb die nächsten 4 Monate lang so. Dann, ein Jahr nach Gründung – der Winter stand vor der Tür –, lösten wir die Mastermind-Meetings auf. Aber die Wirkung war unglaublich gewesen.

Von den 16 Teilnehmern, die übrig blieben, überwanden 13 die monatliche Umsatzgrenze von $5000, und drei davon erzielten fast einen doppelt so hohen Umsatz. Die übrigen drei erzielten mehr als $1000 in der Woche. Die 16 hatten insgesamt 20.000 Leute in ihren Downlines und verhalfen der Region Ontario zu einem Platz unter den obersten 5 im Unternehmen. So manches große Network-Marketing-Talent kam aus jener Mastermind-Truppe.

In den Jahren danach hatten viele Teilnehmer des ursprünglichen Mastermind-Meetings ihre eigenen mit ihren besten Leuten ins Leben gerufen und benutzten ein vergleichbares Punktesystem, um die Leistungen zu messen. Auf der nächsten Seite finden Sie eine Kopie des Systems, das ich 1996 bei meinem Team benutzt habe.

Mit ein wenig Kreativität können Sie es an Ihre Bedürfnisse anpassen. Sie können es auch für die Leute in Ihrer Gruppe verwenden, die weit entfernt wohnen. Und Sie könnten ein eigenes Mastermind-Meeting mit Ihren Spitzenleuten einführen.

Lernen Sie aus meinen Fehlern. Sorgen Sie

dafür, dass nur geeignete Personen teilnehmen. Konkretisieren Sie Ihre Erwartungen, und legen Sie die Teilnahmekriterien fest. Lesen Sie sich bei jedem Treffen gegenseitig Kapitel 10 von Napoleon Hills Klassiker *Denke nach und werde reich* vor. Streben Sie danach, die Meetings so effektiv wie möglich zu gestalten. Halten Sie Ihre Mastermind-Gruppe hoch. Wenn Sie von Anfang an alles richtig machen, kann Sie die Gruppe an die Spitze des Unternehmens bringen und - was Geld, Einfluss, Beziehungen und Erfahrungen betrifft - noch weit darüber hinaus.

Leistungsauswertung

Anhand Ihrer Leistungsauswertungen können Sie einen Plan entwickeln, der zu dauerhaften Ergebnissen führt. Mit dem Leistungsprofil richten Sie Ihre Aufmerksamkeit auf die Aktivitäten, auf die ein Network-Marketer hauptsächlich achten sollte.
Im Leistungsprofil erhalten Sie für folgende Aktivitäten Punkte:

- 1 Punkt pro Kassette, die Sie an einen potenziellen Geschäftspartner aushändigen und für das entsprechende Follow-up
- 1 Punkt für jedes 2-zu-1-Treffen mit einem potenziellen Geschäftspartner
- 1 Punkt für jede Weiterempfehlung, die Sie erhalten
- 1 Punkt pro Verabredung mit einer an Sie weiterempfohlenen Person
- 2 Punkte pro Neukunde
- 5 Punkte für das Sponsern eines neuen Geschäftspartners
- 5 Punkte pro Mitglied am automatischen Lieferprogramm

Sie sollten alle genannten Aktivitäten gleichermaßen durchführen, denn damit erzielen Sie die besten Fortschritte.

Zum Beispiel:
Das Leistungsprofil eines aktiven Geschäftspartners im Verlauf eines Monats:

Audiokassetten an potenzielle Geschäftspartner – 20 Stück = 20 Punkte
Treffen mit potenziellen Geschäftspartnern – 15 Mal = 15 Punkte
Erhaltene Weiterempfehlungen – 25 Namen = 25 Punkte
Treffen mit an Sie weiterempfohlenen Personen – 12 Mal = 12 Punkte
Neukunden – 6 = 12 Punkte
Sponsern eines neuen Geschäftspartners – 4 Neue = 20 Punkte
Mitglieder am automatischen Lieferprogramm – 2 Neue = 10 Punkte

Am Monatsende liegt die Gesamtpunktezahl somit bei 114 Punkten.

Parttimer sollten mindestens 50 Punkte monatlich erzielen.
Vollzeit-Geschäftspartner sollten mindestens 100 Punkte monatlich erzielen.
Aufstrebende Geschäftspartner sollten mindestens 150 Punkte monatlich erzielen.

Vergleichen Sie sich nie mit anderen Geschäftspartnern, denn diese verfolgen andere Ziele. Versuchen Sie vielmehr, jede Woche ein bisschen mehr zu tun.

BEDENKEN SIE: BESTÄNDIGKEIT UND DURCHHALTEVERMÖGEN MACHEN EINEN NETWORKER ZUM SIEGER! FÜHREN SIE IM TERMINPLANER AKKURAT BUCH ÜBER IHRE LEISTUNGEN.

Notizen

Kapitel 9

Was ein Team zusammenschweißt

Kapitel 9 – Was Teams zusammenschweißt

Als ich mich im Februar 1987 erstmals im Network-Marketing betätigte, war ich 19 Jahre alt und wohnte in einem Studentenwohnheim auf dem Campus der Universität von Toronto. Ich hatte noch nie etwas von persönlicher Entwicklung gehört und kannte also weder Bücher noch Autoren zum Thema. Ich war ein echter Grünschnabel.

Hätten Sie mich über Physik, Chemie, Mathematik, Biologie oder Psychologie befragt, hätte ich Ihnen einiges sagen können, aber wenn es um die Entwicklung von Führungskraft, Kommunikation, Zeitmanagement, Produktivität oder Selbstvertrauen ging, musste ich passen.

Ich wurde von einer freundlichen Dame gesponsert. Sie sagte mir, ich solle gute Bücher lesen, damit ich mich weiter entwickelte. Mehr nicht. Also ging ich in einen Buchladen und fragte den Verkäufer nach „guten Büchern". Die Bestsellerliste wurde damals von Stephen Kings *Shining* angeführt, und ich nahm es mit nach Hause und erschreckte mich zu Tode! Ich hatte eine Woche lang Alpträume!

Es war mir ein Rätsel, wie dieses Buch mir dazu verhelfen sollte, ein besserer Verkäufer von Diätprodukten zu werden. Ich blieb weniger als 9 Monate bei der Firma, aber ich nahm an jedem Meeting und Training teil, an dem ich teilnehmen durfte. Und kein einziges Mal gab es einen Büchertisch, Trainingskatalog oder eine Liste mit Bücherempfehlungen. Und obwohl wir das Jahr 1987 schrieben, kann ich mit Sicherheit sagen, dass ich keine der Audio- oder Video-Kassette gesehen habe, die es heute überall gibt.

Ich halte persönliche Weiterbildung für ganz wesentlich. Ich kann mit Sicherheit sagen, dass ich heute bin, wer ich bin, wegen der Bücher, die ich gelesen, der Kassetten, die ich mir angehört, der Seminare, an denen ich teilgenommen und der Menschen, deren Bekanntschaft ich gemacht habe.

Der November 1990 veränderte mein Leben. Ich lebte mit fünf Studenten zusammen. Stellen Sie sich sechs junge Männer vor, die in einer 3-Zimmerwohnung mit Küche und Bad wohnen. Wir waren arm wie Kirchenmäuse. Ich war durch zwei Jahre Studium enorm verschuldet und arbeitete für eine Spedition so hart ich konnte, und zwar für ein Jahresgehalt von $21.000.

Ich war ziemlich genervt, weil ich kein Geld hatte, zu Weihnachten nach Hause zu fahren. Meine Mitbewohner fuhren alle heim, und ich zappte mich eines Nachts um etwa 1 Uhr aus Langeweile durch die Kanäle. Die Stunde danach sollte mein Leben umkrempeln.

Ich sah den berühmten Infomercial von Tony Robbins. Wenn Sie noch nicht wissen, wer Tony ist, spielen Sie noch nicht lang genug in diesem Spiel mit. Damals hatte ich noch nie von ihm gehört. Aber sein 30-tägiger Personal-Power-Kurs schien mir genau das zu sein, was ich brauchte. Zum allerersten Mal im Leben kaufte ich etwas übers Fernsehen. Ich kratzte mein allerletztes Geld zusammen und zahlte 100 Dollar, denn ich wollte aus dem finanziellen Chaos ausbrechen, das mein Leben beherrschte.

Das persönliche Bildungsprogramm war mein erster Einblick in die fantastische Welt der Möglichkeiten, die sich einem eröffnen, wenn das eigene Gehirn einem dient, statt anders herum. Ich nenne es meinen „Katalysator", weil es mich auf einen Weg brachte, von dessen Existenz ich nichts gewusst hatte. Ich hatte immer gedacht, dass erfolgreiche Menschen entweder klüger waren als ich oder einfach mehr Glück hatten. Und sechs Monate später war ich erneut Student, nur diesmal lebenslang, und es ging nicht mehr um Buchwissen, sondern

um Wissen über mein Gehirn...
Ich erinnere mich noch heute an den Anruf, der mich völlig baff machte. Er kam etwa sechs Monate, nachdem ich den Personal-Power-Kurs gekauft hatte. Eine Frau von Robbins Research machte Follow-up-Forschung. Sie befragte mich etwa 10 Minuten lang anhand einer Fragenliste, die mich schockierte. Das Gespräch konzentrierte sich darauf zu erkunden, wie sich mein Leben in den letzten sechs Monaten geändert hatte.

Da man in seinem Kopf haust, ändert sich lediglich die Außenseite der Welt. Weil man immer die gleiche innere Stimme hört, fällt einem kaum auf, wenn sie sich ändert. Ich war völlig erstaunt, dass ich im letzten Halbjahr mit dem Rauchen aufgehört, ein eigenes Geschäft gegründet, eine Wohnung für mich allein, mein erstes Auto gekauft hatte und nicht mehr Fernsehen guckte und zum ersten Mal in meinem Leben anfing, Verantwortung für meine Lebenslage zu übernehmen.

Ich glaube, ich war von dem Fragebogen schockiert, weil mir das inzwischen alles ganz natürlich vorkam. Sicherlich – ich hatte tierische Angst gehabt, als ich die einzelnen Schritte erstmals setzte, aber mein Selbstvertrauen war inzwischen enorm gestiegen. Ich las andauernd und hörte jede Menge Kassetten.

Das Leben ist eigenartig. Es scheint, als treffe man lauter kleine, unbedeutende Entscheidungen, aber in Wirklichkeit ändert man damit sein ganzes Leben. Wie sähe mein Leben wohl aus, wenn ich damals nicht zu dem Fernsehkanal gezappt hätte? Wie würde ich leben, wenn ich mich nicht auf den Weg persönlichen Wachstums begeben hätte? Wie viele Menschen hätte ich nicht berühren können, wenn ich nicht zuvor mein eigenes Leben in Ordnung gebracht hätte?

Ich wette, in irgendeiner Parallelwelt gibt es eine Bar im Norden Torontos, in der die zwei Kuhlen in einem Barhocker genau zum Hintern eines Parallel-David passen, der sein Leben verschwendet, indem er jeden Abend in Alkohol versinkt...

Als ich 19 war, stand ich bei der großen alljährlichen Convention unseres Unternehmens auf einer Bühne vor 2500 Leuten. Ich durfte kurz über mein Geschäft erzählen. Ich hatte $500 mit Verkäufen an Endverbraucher verdient. Ich stand da in meinem einzigen Anzug und der einzigen Krawatte, die ich hatte. Ich hatte immer noch schulterlange Haare und einen Ohrring. Ich sagte: „Hallo, ich heiße David. Ich bin 19 Jahre alt und studiere an der Universität von Toronto. Letzten Monat verdiente ich in diesem Geschäft nebenbei $500. Das ist fantastisch!“

Ich erinnere mich an einen älteren grauhaarigen Herrn, der diesen Teil der Versammlung leitete. Er kam aus dem Hauptquartier in Kalifornien. Er lächelte mich an, schüttelte mir die Hand und flüsterte mir ins Ohr: „David, ich glaube du hast ein riesiges Potenzial in dieser Branche.“ Dann setzte ich mich wieder ins Publikum, während das Adrenalin mir noch in den Adern brummte. Wie gesagt: Ich blieb nur 9 Monate bei dieser Firma. Aber als ich Jahre später den Nightingale *Conant Katalog* durchsah, weil ich meinen brennenden Wissensdurst befriedigen wollte, sah ich plötzlich das Bild des freundlichen Mannes, der so nett zu mir gewesen war. Sein Name lautete Jim Rohn.

Jim Rohn gehört zu den Veteranen der persönlichen Weiterbildung. Er war ein echter Wirtschaftsphilosoph. Tony Robbins arbeitete am Anfang seiner Karriere sogar für ihn. Jim Rohn wurde sofort einer meiner Lieblingsautoren.

Ich erinnere mich daran, was Mr. Rohn unserer Gruppe 1987 gesagt hatte: „Sie tragen die Verantwortung dafür, in diesem Geschäft zum Millionär zu werden. Nicht des Geldes wegen, sondern wegen dem, was in diesem Prozess aus Ihnen werden wird.“

Im Dezember 1998 dachte ich viel darüber nach, was im vergangenen Jahrzehnt meines Lebens geschehen war: Ich war von absoluter Armut zu Reichtum gekommen und von Befürchtungen und Unwissen zu Selbstvertrauen und Überzeugungen, von einer Opferhaltung dazu, Verantwortung für mein Leben zu übernehmen. Ich erinnerte mich daran, dass ich den Roman *Shining* gekauft hatte und fragte mich: „Welche Landkarte hinterlasse ich meinen besten Leuten?"

In dem Monat verfasste ich eine Liste der Bücher, die meine Neulinge im ersten Jahr lesen sollten. Ich wusste, wenn man erst einmal ein Jahr lang den Weg lebenslanger Weiterbildung eingeschlagen hat, dass man ihn kaum wieder verlassen kann. Ich wollte meinen Anfängern ein Glaubenssystem vermitteln, mit dem sie im Network-Marketing Erfolg haben würden.

Die vier wichtigsten Überzeugungen lauten:

- Glaube an das Unternehmen
- Glaube an die Network-Marketing-Branche
- Glaube an die Produkte
- Glaube an dich

Ich wusste, dass die Leseliste des ersten Jahres auch von unendlichen Generationen unter mir unverändert weitergegeben werden würde, wenn ich den Leuten klarmachen konnte, weshalb dieses Curriculum notwendig ist. Das, wenigstens, war meine Hoffnung.

Ich erinnere mich an ein Training, wo ich den Leuten vermittelte, wie die Liste funktioniert. Aber kaum hatte ich die Leute gebeten, die Liste nicht zu ändern, da sah ich eine Frau in der ersten Reihe bestimmte Bücher durchstreichen und durch andere ersetzen. Sie brachte schlechte Leistungen und war wenig produktiv. Sie versuchte andauernd, das Rad neu zu erfinden und hörte nie auf ihre Upline. Und ich sah, wie sie sich selbst das Leben schwer machte. Hier saßen 150 Leute, die diesen Monat alle *Denke nach und werde reich* lasen, und sie und ihre Gruppe lasen *Shining*. Manche Leute lassen sich einfach nicht helfen…

Hier meine abgeänderte Version des Curriculums für das erste Jahr in der Branche für meine Gruppe:

Empfehlungen für das erste Jahr

FIRMENEIGENE PRODUKTE (wie z.B.)
Audios, Videos und sonst. Unterstützungsmaterial

NETWORK-MARKETING-WERKZEUGE
Brillante Einkommensmöglichkeit (Video)
Der Beste Networker der Welt von J. Fogg
Gespräche mit dem Besten Networker der Welt
Das Geheimnis der Taschenlady
So bauen Sie Ihr Network-Marketing-Geschäft auf
Erreichen Sie Höchtsform in MLM von John Kalench
17 Geheimnisse meisterhafter Rekrutierung von John Kalench
Die Nächste Billion von Paul Zane Pilzer

PERSÖNLICHE WEITERBILDUNG
Field of Dreams (Videoverleih)
Denke nach und werde reich von Napoleon Hill
Würde „Gewußt wie" reichen, wären wir alle schlank, reich und glücklich
Die Psychologie des Erfolges
Reichtum kann man lernen; Forever Rich von Robert T. Kiyosaki
Denken Sie groß. Erfolg durch großzügiges Denken von David J. Schwartz

Neuauflage 15. Februar 2000
Bei jedem Meeting und Training stand hinten im Saal ein Büchertisch, wo man die Bücher und Kassetten von der Empfehlungsliste erwerben konnte. Nach einem Jahr hatte ich dafür gesorgt, dass hunderte Menschen sich auf dem Weg persönlicher Weiterbildung befanden. Es fiel mir auf, dass wir weniger Verlauf und mehr Teilnehmer an den Meetings hatten und dass die Moral meiner Truppe insgesamt gestiegen war. Weil die Menschen wuchsen, wuchs auch die Organisation.

Ich hoffe, dass Sie ernsthaft darüber nachdenken, für Ihre Gruppe auch solch eine Liste zu erstellen. Fragen Sie Ihre Upline, ob es schon so etwas gibt. Ist das nicht der Fall, dann werden Sie Ihre Anfänger selbst füttern müssen. Bringen Sie Ihre Führungskräfte dazu, das Konzept zu übernehmen und das Programm mindestens 1 Jahr lang nicht zu ändern. Konzentrieren Sie sich darauf, alle in Ihrer Gruppe dazu zu bringen, so bald wie möglich die vier Kernüberzeugungen zu entwickeln.

Hier eine interessante Information. Vor kurzem sprach ich mit einer Person, die man in der Branche als „Network-Marketing-Guru" betrachtet. Hinsichtlich seiner Überzeugungen ist er ein absoluter Hardliner. Er sortiert die Leute nur aus und sucht Führungspersönlichkeiten; mit Verlierern, denen es nicht ernst ist, gibt er sich gar nicht erst ab. Er sagte mir, er sei nicht im Geschäft, um den Leuten die Windeln zu wechseln oder um sie zu bekehren. Er verschwendete keinerlei Energie darauf, Verlierer in Gewinner umzuwandeln. Obwohl er in den 80ern und Anfang der 90er enorm erfolgreich gewesen ist, litt er seit fast einem Jahrzehnt unter Erfolgsschwäche und konnte die glorreiche Vergangenheit nicht wieder aufleben lassen.

Ich hatte mit jemandem, der über 100.000 Leute in seinem Netz hat, ein ähnliches Gespräch. Aber obwohl auch er keine Windeln wechseln wollte, sah er die Dinge doch ein wenig anders. Statt breit zu streuen und die 3 % der Bevölkerung auszusieben, die bereits Führungsqualitäten entwickelt hatten, suchte er nach jenen 30 % mit Führungspotenzial, das sich im Lauf der Zeit mit entsprechender Anleitung entwickeln lässt. Bei diesen Menschen setzte er sein Bildungs- und Führungskraftentwicklungssystem ein. Nach zwei bis fünf Jahren hatte seine Organisation viele Führungskräfte entwickelt, und zwar dank ihres Engagements für lebenslange Weiterbildung.

Er nutzte das Bild einer Steinschleiftrommel. Jahr für Jahr schaufelte sein Team tonnenweise Kies und Schotter in die Trommel, und im Laufe der Zeit kamen wundervoll polierte Edelsteine zum Vorschein: Rubine, Smaragde und Diamanten. Die Maschine macht die ganze Arbeit: Sie erkennt die Edelsteine und poliert sie. Er meinte, wenn seine Organisation nicht so ein unglaublich gutes Führungskraftentwicklungssystem hätte, könnte er auf keinen Fall jährlich über eine Million im Network-Marketing verdienen.

Übung:

Listen Sie fünf Bücher und fünf Audiokassetten auf, die Sie in das Lernprogramm Ihrer Organisation aufnehmen wollen.

1. ______________________________

2. ______________________________

3. ______________________________

4. ______________________________

5. ______________________________

Listen Sie drei kreative Möglichkeiten auf, wie Sie die Masse Ihrer Gruppe dazu bringen können, sich an Ihre Empfehlungsliste für das erste Jahr zu halten.

1. ______________________________

2. ______________________________

3. ______________________________

Identifizieren Sie drei potenzielle Hindernisse, die der Durchführung dieses Programms in Ihrem Team im Wege stehen.

1. ______________________________

2. ______________________________

3. ______________________________

Kapitel 10

Im kalten Markt Kontakte knüpfen

Kapitel 10 – Wie man im kalten Markt Kontakte knüpft

Kontakte zu knüpfen, war für mich nie ein Problem. Seit dem ersten Tag im Februar 1987 ist es mir immer gelungen, Menschen zu finden, die eine Chance wollten.

Wegen meiner Grundüberzeugungen hinsichtlich dieser Branche weiß ich nur nicht so genau, mit welchem Ziel ich Ihnen bestimmte Dinge beibringen sollte.

Wollen Sie, dass ich meinen Geheimtresor öffne, Ihnen uneingeschränkten Zugang dazu gebe und zur Hölle mit den Konsequenzen?

Vielleicht sollten wir damit anfangen, genau festzustellen, mit welcher Kunstform wir es eigentlich zu tun haben. Ich nenne sie: Direct Response Marketing (Unmittelbares Reaktionsmarketing). Sie hat mehr mit Informercials zu tun, die man spät abends im Fernsehen sieht, als mit echtem Network-Marketing.

Die Menschen sind von Natur aus so programmiert, dass sie mit einer ganz bestimmten Reaktion auf bestimmte Reize antworten. Vor etwa einem Jahrzehnt gab es hier in Kanada eine Fernsehwerbung: Ein junger Mann bei der Arbeit; eine Stimme sagt, man solle seinem Vater dankbar dafür sein, dass er einen großgezogen hat – und im Hintergrund spielt traurige Musik. Dann greift der Sohn zum Hörer und ruft seinen lieben, alten Vater an. Ihm stehen die Tränen in den Augen, und die Musik wird lauter und dramatischer, und wir Zuschauer werden ganz emotional, und dann verkündet das Filmchen: „Vielen Dank AT&T."

Warum sollte eine Fernsehwerbung (die aus nichts anderem als elektrischen Impulsen in einer Glasröhre besteht, die unsere optischen und auditiven Nerven reizt) solcherlei emotionale Reaktionen in uns auslösen?

Wenn es Ihnen gelingen soll, hervorragende Kontakte im kalten Markt zu knüpfen, müssen Sie zum Forscher menschlicher Gefühle werden - und bleiben. Legen Sie noch heute einen Ordner an, in dem Sie Anzeigen, Artikel, Schlagzeilen und Beispiele für Marketing sammeln, die bei Ihnen eine emotionale Reaktion hervorrufen.

90 % aller Anzeigen im Network-Marketing sind absoluter Schwachsinn. Ich habe abertausende Dollar mit institutionellen Anzeigen, wie ich sie nenne, aus dem Fenster geschmissen, bevor ich das gelernt hatte. Coca Cola schaltet beispielsweise institutionelle Anzeigen. Die Firma gibt Milliarden dafür aus, Ihnen ihren Namen einzuhämmern. Man wird von solchen massiven Werbeausgaben praktisch neu programmiert. Ich will Ihnen ein paar Beispiele dafür geben.

Woran denken Sie, wenn Sie „... nichts ist unmöglich!" hören?

Was fällt Ihnen bei „... nicht immer... aber immer öfter" ein?

An welche Firma denken Sie, wenn Sie Gottschalk sehen?

Und wenn jemand zu Ihnen, noch dazu auf Englisch, sagt: „Just do it!"? Welche Bilder tauchen vor Ihrem inneren Auge auf?

Und denken Sie bei „Milchschnitten" jetzt auch an Gesundheit statt an Süßkram?

Je nachdem, wie alt Sie sind und wie häufig Sie fernsehen, wo Sie wohnen und wie gut Ihr Gedächtnis ist: Die Werbebranche hat auch Sie programmiert, zumindest ein wenig.

Verfügt unsere Downline über die Millionen, die man braucht, um Massen zu programmieren? Das Network-Marketing-Unternehmen auch nicht. Aus diesem Grund gibt es uns, nicht wahr?

Direct Response Marketing (Unmittelbares Reaktionsmarketing) unterscheidet sich ganz wesentlich vom institutionellen Marketing. Hier zwei Beispiele dafür. Welches halten Sie für Direct Response und welches für institutionelles Marketing?

Beispiel 1:

Wollen Sie wissen, wo es für Network-Marketing-Profis langgeht? Steigen Sie vor der Lancierung ein! Sie können der Erste sein! Donald Trumps außerehelicher Sohn startet die heißeste Network-Marketing-Firma, die es je gab! Unilevel Trend 90 und 15-35-4 nicht zu blockierende Unendlichkeit! Binäres Rückgrat mit einem 10-prozentigen Bonus! Algen, Pycnoginol, Kolloid-Platin, Telefonkarten, Internet-Zugang und Handys mit Flatrate. Experten sagen: Nächstes Jahr schon größer als Amway. Keine Meetings, wir mailen für Sie. Ehemalige Destinie, Gold-U, Shybizz Spitzenreiter in Ihrer Frontline. Jetzt mitmachen. Ein Anruf genügt: 0800-555555!

Beispiel 2:

Entdecken Sie das Geheimnis, wie ein enttäuschter 26-jähriger ehemaliger Postbeamte einen Nebenverdienst von € 4000 erzielt, und das in nur 15 Stunden Nebentätigkeit pro Woche in den eigenen vier Wänden! Sind Sie auch auf der Suche nach mehr Freiheit? Sind Sie eine hart arbeitende, engagierte Führungspersönlichkeit? Wären Sie bereit, zwei bis fünf Jahre lang 10 Stunden pro Woche selbstständig tätig zu sein, um für sich und die Familie ein arbeitsfreies Nebeneinkommen zu schaffen? Wir schicken Ihnen gern KOSTENLOS und unverbindlich einen 15-seitigen Bericht über unser exklusives Training, mit dem Sie endlich aus der Tretmühle aussteigen können. Sie erhalten Ihren GRATIS-BERICHT unter der Nummer 0800-555 555 oder auf unserer Webseite www.Domainname.com.

Anzeigen wie diese finden Sie viele in den einschlägigen Veröffentlichungen. Nur finden Sie sie meistens nur ein einziges Mal.
Wenn Sie Kontakte knüpfen wollen, dann müssen Sie erst einmal ein paar Fragen klären:

- Wozu werde ich die Kontakte nutzen?
- Welches geografische Gebiet peile ich an?
- Auf welche Bevölkerungsgruppe richte ich mich?
- Wie will ich die Kontakte sammeln?
- Welche Datenbasis nutze ich?
- Wie hoch sind die Kosten pro Kontakt?
- Welche langfristige Marketingstrategie verfolge ich bei diesen Kontakten?
- Wie weiß ich, ob meine Anzeige Erfolg gehabt hat oder nicht?

Die meisten Leute schalten Anzeigen, ohne vorher richtig nachzudenken. Oder noch schlimmer, sie geben der Upline Geld, wo es wirkungslos verpufft oder zu einer Flut ungeeigneter Kontakte führt.

Wenn ich dieser Tage eine Anzeige schalte, überlege ich mir erst ganz genau, weshalb ich das tue. Wenn Sie beispielsweise bereits drei Linien haben, sollten Sie in deren Tiefe daran arbeiten, Führungskräfte, Umsatz und Stabilität zu fördern. Vielleicht unterschreibt in München ein Geschäftspartner auf Ebene 9 mit einem hervorragenden Führungspotenzial. Sie beschließen, dorthin zu fahren, um das Geschäft gemeinsam mit ihm aufzubauen. In dem Fall könnte eine Direct-Response-Anzeige in München, die zu hervorragenden, potenziellen Geschäftspartnern führt, eine gute Investition in die aufsteigende Spitzenkraft sein. Dieser potenzielle Geschäftspartner könnte viel von Ihnen lernen, wie Sie Präsentationen geben und mit Neurekrutierungen arbeiten. In dem Fall schalten Sie eine strategische Anzeige geografisch korrekt, um bestehende Führungskräfte zu unterstützen.

Schalten Sie eine Anzeige, weil Sie eine neue Frontline-Linie kreieren möchten und mit der bestehenden Datenbasis kein Marketing gemacht haben? Sie müssen eine Methode entwickeln, um mindestens alle 90 Tage mit allen Personen, zu denen Sie jemals Kontakt hatten, Follow-ups zu betreiben. Machen Sie das telefonisch, per E-Mail, mit einem Newsletter, durch Zusendung der Firmenzeitschrift mit einem handschriftlichen, persönlichen Begleitschreiben – welches System nutzen Sie? Von 100 Personen, die ich vierteljährlich kontaktiere, heben etwa drei die Hand und sagen, dass sie sich das Ganze mal näher ansehen wollen.

Hier ein Beispiel aus meinem Leben. Ich habe in meinen Anfängen bei NSA 1991 zwei Männer kennen gelernt: Brian und Jack. Sie waren ganz nett, waren aber wie ich mit anderen Dingen beschäftigt. Ich habe sie aus den Augen verloren und traf sie 1996 rein zufällig auf dem Flughafen. Ich war unterwegs zur Sommer-Convention meiner Firma, und sie kamen gerade von der Alliance-Convention aus Texas zurück. Brian gab mir seine Visitenkarte, und ich versprach, Kontakt zu halten.

Ich nahm die beiden in mein Follow-up-System auf. Alle drei Monate bekamen Sie eine E-Mail von mir. Drei Mal jährlich schickte ich Ihnen den Newsletter meines Teams, in dem vom Wachstum meiner Organisation die Rede ist. Zwei Mal jährlich bekamen Sie die Zeitschrift meiner Firma. Ab und zu schickte ich Ihnen einen Nachdruck von Trainingsartikeln aus dem Upline Magazine mit einer handschriftlichen Notiz. Das ging 2 Jahre lang so.

Im Frühsommer 1998 klingelte das Telefon. Es war Jack. Er sagte, wir sollten uns treffen. Ich erinnerte ihn höflich daran, dass ich nicht an einer anderen Firma interessiert war. Seine Antwort erstaunte mich.

„David, du bist der professionellste Networker, den ich kenne. Meine Firma hat sich aufgelöst, und meine Downline von 900 Personen hat keine Produkte und kein Zuhause mehr. Willst du mein Sponsor sein?“
Ich sagte: „Jack, kannst du eine Sekunde warten? Ich muss dich kurz in die Warteschleife legen.“
Dann machte ich das „Ich habe einen! Ich habe einen!“-Tänzchen in meinem Büro, nahm wieder Haltung an und begann mit dem Aufbau einer Linie, an der ich pro Woche mehr verdiene als in meinem alten Job in anderthalb Jahren. Letztes Jahr sponserte Jack 14 Personen. Seine Downline hat jetzt Kunden in fünf Ländern, die sich automatisch beliefern lassen.

Vielleicht ist Ihr Follow-up beständig, aber dennoch möchten Sie weitere Kontakte knüpfen, um Ihre Downline zu erweitern. Wie können Sie Ihr Werbebudget optimal einsetzen?

Ich bin der Meinung, die „rote Zone“ liegt in einem Umkreis von 80 Kilometern um Ihre Wohnung. Ich habe abertausende Dollar investiert, um Kontakte in weiterer Entfernung zu knüpfen, aber Sie können mir glauben: Sie können in Ihrem unmittelbaren Umfeld weit bessere Resultate und schnelleres Wachstum bei geringeren Investitionen erzielen.

Ich schildere Ihnen nun ein Experiment, das ich in einer Kleinstadt mit 1000 Einwohnern ausprobiert habe.

Was können wir von diesem Flyer lernen?

> **Örtlicher Millionär schwört unter Eid:**
>
> „Ich werde fünf Einwohnern von Hillsburg persönlich beibringen, wie sie zu Hause als Nebentätigkeit ein eigenes gewinnbringendes Geschäft gründen können!"
>
> *Beantworten Sie folgende Fragen aus dem* Fragebogen für finanzielle Freiheit – *das zeigt uns, ob Sie für unser Team geeignet sind:*
> Wünschen Sie sich noch dieses Jahr ernsthaft eine zusätzliche Einkommensquelle?
>
> Wären Sie bereit, fünf bis zehn Stunden die Woche für das richtige Projekt zu investieren?
>
> Haben Sie eine „Wunschliste" oder „Bedürfnisse" - ein neues Auto beispielsweise oder ein eigenes Haus?
> In jedem Geschäft gibt es eine Anfangsinvestition. Können Sie $300 bis $600 dafür aufbringen, falls Sie für das Team ausgewählt werden?
>
> Wenn Sie ausgewählt werden, werden wir wertvolle Zeit damit verbringen, Ihnen Erfolgsprinzipien beizubringen. Sind Sie offen für Training und Coaching?
>
> Falls Sie auf alle 5 Fragen mit „JA!" geantwortet haben, sollten wir ein näheres Gespräch vereinbaren. Sofort.
>
> Rufen Sie 0800-555 555 (kostenlos, rund um die Uhr) an, und fordern Sie unser wertvolles Informationspaket an.
>
> Copyright 1999 The Do! Team Inc. www.doteam.com

Ich zahlte der kanadischen Post etwa 10 Cent pro Flyer, die sie in jeden Briefkasten in der kleinen Stadt einwarf. Die Flyer, Fotokopien, kosteten mich $30, und die Post wollte $100 von mir, so dass mich das Ganze $130 kostete. Und – hat es sich gelohnt? Nein. Ich erhielt keinen einzigen Anruf. Niemand reagierte. Das war's. Ein unangenehmes Gefühl!

Wie jeder gute Wissenschaftler forschte ich weiter. Weshalb war der Rücklauf gleich null? Ich analysierte die Post an jenem Tag. Mein weißer Flyer konkurrierte mit einem gelben Flyer einer Entsorgungsfirma für Klärtanks, einem vierfarbigen Flyer eines Immobilienmaklers und mindestens vier anderen zwei- oder vierfarbigen Prospekten von Supermärkten. Hmmmm...

Welchen Markt hatte ich avisiert? Ich ließ 1000 weiße Flyer an ein Dorf voller Bauern, Steinbrucharbeitern, Möbelfabrikarbeitern und Pendlern verteilen. Ich hatte mich auf keine Gruppe konzentriert. Mein Flyer war nicht gezielt. Wenn ich 20.000 Flyer hätte verteilen lassen, wären wahrscheinlich drei Anrufe gekommen.

War der Text verbesserungswürdig? Aber sicher doch. Ich hatte ihn in 5 Minuten zusammengeschustert und zuvor nicht ausgetestet. Einen Teil, wie „schwört unter Eid", hatte ich aus klassischen Anzeigen abgekupfert, die sich bewährt hatten. Aber ich wusste nicht, ob die Anzeige funktionieren würde. Ich beschloss, den Text auf andere Weise zu testen.

Ich schaltete den gleichen Text in einer Box unter der Rubrik „Geschäftliches" in der örtlichen Zeitung, und zwar für etwa $60 in einem Monat fünf Mal. Die Zeitung wurde von etwa 8000 Personen gelesen. Diese Zahl wird berechnet aus der Anzahl verkaufter und verschenkter Exemplare, wobei man davon ausgeht, dass jede 5. Zeitung von 1,5 Leuten gelesen wird. Egal, die Anzeige war geschaltet. Ich erhielt vier Anrufe. $15 pro Kontakt. Nicht großartig, aber auch nicht schlecht. Und wer liest die Anzeigen unter „Geschäftliches"? Ist das eine bessere Zielgruppe als die Massen, die man mit Flyern erreicht?

Da wir gerade bei Flyern sind, hier ein paar Anmerkungen dazu. In meiner Gruppe gibt es ein paar Downlines, die häufig mit Flyern arbeiten. Es lohnt sich vielleicht für Personen mit wenig Bargeld, die sie persönlich in der Nachbarschaft verteilen, um etwas anzuleiern. Aber wenn es ein allgemeiner Flyer ist, der sich aufs Sponsern richtet, braucht man einen langen Atem, wenn man die Investition wieder reinholen will. Aber da gibt es doch noch das Konzept des sich selbst finanzierenden Vorschlags…

Was ist ein sich selbst finanzierender Vorschlag?

Letztes Jahr ging ich in einem Einkaufszentrum zum Frisör, sah mir Bücher und Computer an und machte, was man in solchen Zentren tut. Als ich wieder nach draußen kam, steckte ein gelber Flyer unter dem Scheibenwischer meines Mercedes.

Ich erlebte einen heftigen Flashback. Der Flyer hatte A5-Format und war offensichtlich auf ein A4-Blatt gedruckt und vom Drucker halbiert worden. Der Text lautete:

> *GESUCHT!*
> *19 Personen, die abnehmen wollen.*
> *Ärztlich empfohlene, natürliche Diät.*
> *Telefon 555 – 5555*

Ich fühlte mich wieder in den Februar 1987 versetzt. Mir war kalt, ziemlich sogar. Ich hatte Hunger. Ich stand zur Hauptverkehrszeit in einer kleinen Schneewehe am Eingang zur U-Bahn in Toronto. Zehntausende gingen an mir vorbei, und ich stand da in meiner *University of Toronto*-Jacke, in Sportschuhen und in Jeans, mein blondes Haar schulterlang, mit einem Ring im Ohr und einem Metallica-T-Shirt auf den Rippen.

Ich stand zwei Stunden dort und verteilte fast 2000 Flyer, die genauso aussahen wie der, der jetzt unter meinem Scheibenwischer klemmte. Die meisten Leute, die damals an mir vorbeikamen, nahmen keinen, und manche beschimpften mich sogar. Andere nahmen sich einen und steckten ihn in die Jackentasche, wieder andere nahmen ihn und schmissen ihn sofort wieder weg. Und als ich schließlich die 50 Meter zur U-Bahn lief, sah ich eine lange, traurige Spur aufgeweichter gelber Flyer, die den Weg pflasterten. Ein scheußliches Gefühl.

Als ich wieder nach Hause und in mein klitzekleines Zimmer kam, verwandelte sich mein Frust in Freude. Die Lampe meines Anrufbeantworters blinkte. Insgesamt drei menschliche Lebewesen hatten angerufen!

Ich rief sofort zurück. Ich stellte die magischen vier Fragen, wie mein Sponsor mich das gelehrt hatte, und notierte die Antworten.
„Wollen Sie wirklich ernsthaft abnehmen?“
„Was haben Sie schon ausprobiert?“
„Wie hat das bei Ihnen funktioniert?“
„Sind Sie bereit, etwas Neues auszuprobieren?“

Ich lud alle drei Frauen ein, mich am nächsten Tag im Büro meiner Sponsorin in der Innenstadt zu treffen. Diese half mir bei der Präsentation bei den zwei Frauen, die tatsächlich erschienen waren. Ich verkaufte für fast $500 Produkte. Ich war im siebten Himmel, denn ich konnte mir jetzt etwas zu essen kaufen!

Ich investierte den Gewinn in Nahrung, weitere Flyer und Visitenkarten, und zwar in dieser Reihenfolge. Ich blieb nur 9 Monate bei dieser Firma. Wäre ich ein wenig stabiler gewesen und wäre mir wirklich bewusst gewesen, wie das Arbeitsleben eigentlich aussieht, hätte ich vermutlich durchgehalten, und mein Leben wäre anders verlaufen.

Das Beispiel zeigt, was ein sich selbst finanzierender Vorschlag ist. Ein Flyer führt zu Kontakten, die ein bestimmtes Produkt mit bestimmten Vorteilen suchen. Die Gewinne führen zu einem zunehmenden, sich selbst finanzierenden Werbebudget. Die zufriedenen Kunden werden erst um Weiterempfehlungen gebeten und dann eventuell als Geschäftspartner rekrutiert.

Dieses Verfahren funktioniert bei Diätprodukten gut. Die Grenzen dafür, was potenziell möglich ist, steckt jedoch nur Ihre Kreativität. Dieselbe Frau, die mir beigebracht hat, wie ich den Verkauf zum Rekrutieren benutzen kann, nutzt heute eine sich selbst finanzierende Taktik, um Geschäftspartner direkt zu rekrutieren. Ihre Organisation wirbt für Heimarbeit und verkauft den Kunden ihr Starterpaket für $30. Die Gewinne werden wieder in weitere Anzeigen gesteckt. Das Paket besteht aus einem Rekrutierungsvideo und Handbuch und ist als Versandorganisation positioniert. Hervorragend…

Während ich in der Stadt herumfuhr, meine Videos ablieferte und ihnen anschließend wieder nachjagte, knöpfte sie den Leuten $30 für das Privileg ab, sie sich ansehen zu dürfen. Das eröffnet einem eine ganz andere Sicht der Dinge. Das ist wahrscheinlich auch der Grund, weshalb sie seit 18 Jahren bei ein und derselben Firma ein sechsstelliges Jahreseinkommen hat.

Wie man noch mehr Kontakte knüpft…

Eine meiner Lieblingsmethoden in diesem Bereich sind Kleinanzeigen in der Rubrik *Biete* in kleinen, ländlichen Zeitungen mit einer Verbreitung von 5000 bis 50.000. Die Kosten pro Kontakt liegen meist unter $10 pro Stück, und ich kann mich sehr schnell in deren warmen Markt in die Tiefe vorarbeiten.

Hier ein Beispiel einer örtlichen Kampagne vom Februar 1997. Dies war ein Anzeigeblock in der oben erwähnten Lokalzeitung mit einer Verbreitung von 8000 Lesern. Die Kampagne kostete etwa $120 und beschlug 10 Anzeigen in einer Periode von zwei Monaten nach den Weihnachtsferien. In der Rubrik *Biete* stand:

Wenn ich mich beschreiben soll… Ich bin ein 28-jähriger Millionär, fahre einen neuen Jaguar, lebe in einem Haus am See und verdiene $15.000 pro Monat.

Wenn ich Sie beschreiben soll… Sie arbeiten hart, haben die Tretmühle satt und wollen etwas anderes vom Leben. Wenn Ihnen der Gedanke gefällt, selbstständig zu sein und zu Hause 10 Stunden pro Woche einer Nebentätigkeit nachzugehen, damit Sie ein großes zweites Einkommen aufbauen können, dann rufen Sie die Nummer 555-5555 an.

Ich saß im Ort in einem Coffeeshop, als ich zwei Frauen reden hörte. Sie hatten Übergewicht, rauchten und sahen so aus, als ließen sie sich die Butter nicht vom Brot nehmen. Sie debattierten darüber, ob eine bestimmte Anzeige wirklich von einem Single, der eine Frau suchte, geschaltet worden war, oder ob es irgendeine Masche war, den Leuten Geld aus der Tasche zu ziehen. Ich schaute ihnen unauffällig über die Schulter und erkannte meine Anzeige!

Ich fragte: „Was ist das?“ und zeigte auf die Anzeige. Sie erzählten mir im Brustton der Überzeugung, dass alle Frauen in der Stadt darüber redeten und sich fragten, ob das nicht nur eine Masche sei, ob der Mann Single sei oder nicht, ob er einen Escort-Service anbot, Drogen verkaufte oder was er sonst wohl wollen könne. Ich lief rot an und fragte, ob sie dort denn mal angerufen hatten. Sie meinten, von ihren Freundinnen hätte keine angerufen, weil die Ehemänner und Freunde ihnen das verboten hätten.

Ich verließ in Windeseile den Coffeeshop, schaute über die Schulter, sprang in meinen Jaguar und raste nach Hause. Auf der Fahrt wurde mir einiges klar:

a) Es war die Hölle. Ich musste diese Provinzlöcher verlassen.

b) Meine Anzeige war völlig daneben.

c) Ich wusste, wie man Leute provoziert

und

d) Ich hatte wahrscheinlich weitere hundert Dollar für eine vollkommen bescheuerte Anzeige zum Fenster rausgeworfen.

Die Anzeige führte zu einem guten Kontakt und jeder Menge Leute, die das Telefon wieder einhängten und einigen, die „du beschissener Verlierer!" riefen. Ich hatte einen ziemlich harten Ansagetext auf dem Anrufbeantworter, um die Idioten rauszufiltern.

Der Ansagetext lautete in etwa: „Vielen Dank, dass Sie auf unsere landesweite Anzeige reagiert haben. Wenn es Ihnen ernst ist, von zu Hause aus ein eigenes Geschäft zu betreiben, in Ihrer Freizeit 10 Stunden pro Woche zu arbeiten, wenn Sie für Training und Coaching offen sind und eine positive Grundhaltung mitbringen und eine Anfangsinvestition von $500 verkraften können, dann sprechen Sie uns bitte jetzt nach dem Ton Ihren Namen und Ihre Adresse aufs Band, und wir werden Kontakt zu Ihnen aufnehmen."

Der einzige Kontakt war eine Frau aus dem Ort. Sie war Hausfrau und hatte 2 Kinder. Ihr Ehemann war Waldarbeiter, und sie war eine ausgebildete Innenarchitektin. Aber hier draußen in der Provinz war Innenausstattung ein Elchkopf an der Wand über dem Kamin. *(Notiz an mich: Ich wohne in der Hölle. Es ist an der Zeit umzuziehen.)*

Sie war supervorsichtig und extrem skeptisch. Ich verabredete eine 1-zu1-Präsentation im Coffeeshop im Ort. Nachdem ich ihr den Plan gezeigt und ein Video in die Hand gedrückt hatte, das sie sich zu Hause ansehen sollte, seufzte sie erleichtert auf. Sie hatte ein paar Freundinnen angerufen und ihnen erzählt, dass Sie auf die Anzeige reagiert hatte. Die waren davon überzeugt gewesen, dass es Betrug war oder dass ich ein Freak sein musste, der Frauen auf dem Schwarzmarkt im Mittleren Osten verkauft.

*(Notiz an mich: Idiotische Anzeige...)

Sie schloss sich im März 1997 schließlich an. Ich arbeitete ihren warmen Markt mit ihr in die Tiefe durch. Sie nutzt die Produkte seit über 4 Jahren und hat eine Downline, die $3000 monatlich umsetzt. Obwohl sich in dieser Linie keine großen Führungspersönlichkeiten gezeigt haben, so weiß man doch nie, was in den nächsten 10 bis 20 Jahren geschehen wird. Diese Linie hat in nur 4 Jahren die ursprünglichen Werbekosten etwa 200-mal wettgemacht. Ziemlich guter Gewinn auf eine Investition. Wenn ich mich jemals langweilen sollte, kann ich in dieser Linie nach einem zufriedenen Kunden graben, seine Weiterempfehlungen in weitere Kunden verwandeln und diese Linie weiter in die Tiefe treiben.

Notizen

Kapitel 11

Automatische Rekrutierungsmaschinen der Zukunft

Kapitel 11 – Automatische Rekrutierungsmaschinen und die Zukunft

Im Laufe des Jahres 1996 änderte das Internet und andere Technologien die Art und Weise, wie im kalten Markt und in allen anderen Bereichen rekrutiert wurde. Am meisten änderte sich dabei die Geschwindigkeit, mit der man potenzielle Geschäftspartner informieren konnte.

1987 standen wir im Schnee und verteilten Flyer. Potenzielle Geschäftspartner mussten uns auf den Anrufbeantworter sprechen. Voice-Mail existierte noch nicht. Wir mussten die Interessenten zu einem Zeitpunkt zurückrufen, an dem wir persönlich mit ihnen sprechen konnten. Es gab noch keine Rekrutierungsvideos, und Audiokassetten waren eine Seltenheit. Wir mussten uns entweder persönlich mit potenziellen Geschäftspartnern treffen oder sie zu dem wöchentlichen Hotel-Meeting mitnehmen.

1991 waren Anrufbeantworter und Voice-Mail ganz normal. Rekrutierungsvideos und Audiokassetten erhöhten die Geschwindigkeit, mit der potenzielle Geschäftspartner sich für unser Geschäft qualifizieren konnten. Wir schalteten in der ganzen Stadt eine Menge Anzeigen, telefonierten mit potenziellen Geschäftspartnern und schickten ihnen dann entweder ein Video oder baten sie in unser Trainingscenter zu kommen, um ein persönliches Gespräch mit ihnen zu führen. Und wer nicht allzu gut präsentieren konnte, für den konnte ein Video den Löwenanteil der Präsentation übernehmen.

1997 hatte sich erneut vieles geändert. Wir konnten landesweit Anzeigen schalten und die Anrufer bitten, eine gebührenfreie Nummer anzurufen oder sie an eine Webseite mit einer Flash-Animation verweisen. Die 5-minütige Botschaft machte den potenziellen Geschäftspartner sogar noch neugieriger, und er bekam Hinweise auf weitere Informationsquellen. Interessenten konnten von zu Hause aus ein 5-seitiges Fax anfordern oder es sich über einen Autoresponder zuschicken lassen. Diese Dokumente konnten wiederum auf 20-minütige vorgefertigte Tele-Seminare oder RealAudio-Dateien verweisen, die wie Infomercials funktionierten, die man sich rund um die Uhr ansehen konnte. Man konnte buchstäblich Massen an potenziellen Geschäftspartnern zu einer Marketingzentrale dirigieren, eine Menge miteinander verknüpfter Informationen, und 4 Stunden später tauchte ein benommener, aber begeisterter potenzieller Geschäftspartner auf, der über dutzende oder gar hunderte Seiten an Informationen über jeden Aspekt unserer Produkte, des Provisionsplanes und Trainingssystems verfügte.

Wer große Macht hat, braucht ein ausgeprägtes Verantwortungsbewusstsein. Ich denke, dass 1997 der Startschuss für das Rennen war, so schnell wie möglich die maximale Anzahl potenzieller Geschäftspartner abzugreifen. Riesige Geldsummen wurden investiert, um so viele Augenpaare wie möglich zu einer Marketingzentrale zu treiben. Die Geschwindigkeit der Branche machte zwischen 1997 und 1998 einen riesigen Sprung. Das waren die goldenen Jahre für das, was ich Phase I des Wachstums der gesamten Network-Marketing-Branche nenne.

Dieses Konzept der unterschiedlichen Wachstumsphasen wurde mir zwei Mal vor Augen geführt. Das erste Mal 1987 von Mark Hughes, der inzwischen verstorbene, brillante Gründer von Herbalife. Als ich ihn traf, war ich erst 19 Jahre alt. Herbalife erholte sich gerade von einem beinahe verhängnisvollen Kampf mit den amerikanischen Bundesbehörden. Mark erläuterte das nahezu vertikale Wachstum der Firma von den Anfängen in den frühen 80ern bis zu einem Jahresumsatz von etwa 400 Millionen Dollar Mitte der 80er Jahre. Dann erfolgten dramatische Einbußen bis auf unter 100 Millionen jährlich. Er nannte dies das Ende der ersten Wachstumsphase seines Unternehmens. Die Talsohle war erreicht, und es gab Anzeichen für eine Erholung. Er sagte mir, dass es eine Weile gedauert hätte, die Truppen vorzubereiten, aber er sei absolut sicher, dass sie auf dem richtigen Weg waren. Dies sei nun die Phase II, und er meinte, dass sie sehr viel umfangreicher sein würde als Phase I. Alle Führungsleute der Firma liefen mit Buttons herum, auf denen stand: „Frage mich nach Phase II!"

Hatte Mark Recht? 1989 machte Herbalife einen Umsatz von 121 Millionen im Jahr, und 1993 waren es 700 Millionen Dollar. Heute macht die Firma Milliardenumsätze. Mark sprach bei einer Sattelitenkonferenz über Phase III und 5 Milliarden, kurz bevor er im Jahr 2000 starb.

Das zweite Mal hörte ich etwas über dieses Konzept von Burke Hedges, dem Autor von *Wer stahl den Amerikanischen Traum, You Inc., The parable of the pipeline und You can't go second with your foot on first.*

Wir saßen November 1991 in einem Nachtclub in New Orleans. Er beschrieb den Anwesenden seine Buchidee. Er sprach davon, dass Network-Marketing-Firmen verschiedene Phasen durchmachen: Formulierung, Konzentration, Dynamik, Konsolidierung und Stabilität. Damals machte die Kopie eines Artikels eines Harvard-Wissenschaftlers die Runde – er wurde sicherlich zehntausende Male kopiert –, in dem davon die Rede war, wann der beste Zeitpunkt wäre, sich einer Network-Marketing-Firma anzuschließen. Er wurde fast schon zu einer urbanen Legende, wurde viel besprochen, ohne dass es echte Anhaltspunkte dafür gab, dass er Recht hatte. Wie dem auch sei, alle, die mit am Tisch saßen, kannten das Konzept.

Burke meinte, dass jede Branche solche Phasen durchlebt. Und er sagte, dass es in ein paar Jahren so weit sei, dass fast jeder eine Network-Marketing-Firma aufmachen könne. Er sagte eine Explosion der Anzahl Network-Marketing-Firmen und der Geschäftspartner voraus, die er *kritische Masse* nannte. Er sprach von einer Periode der Instabilität, der Regulierungen, der Übersättigung und der Konsolidierung. Er sagte mir, dass wir die Network-Marketing-Branche in 10 Jahren nicht mehr wieder erkennen würden.

Als Burkes Buch ein halbes Jahr später erschien, brachte es mich zum Staunen. Es ist vielleicht noch erstaunenswerter, wenn man das Buch heute liest, ein Jahrzehnt später: Burke war ein hervorragender Zukunftsforscher! Obwohl er das Internet nicht vorhergesehen hatte, hatte er doch Recht, was die ganzen Star-Trek-Technologien betrifft, die uns heute zur Verfügung stehen.

Ein Aspekt, den er damals in dem Nachtklub in New Orleans erwähnte, ist mir besonders stark in Erinnerung geblieben. Ich weiß den genauen Wortlaut nicht mehr, aber er hatte in etwa gesagt: „Es kommt ein Sturm aufs Network-Marketing zu. Ihr habt bis 1997 oder ein wenig länger, um euch ein Netz zu schaffen. Dann muss es verankert sein und den Sturm überstehen."

Wenn ich seither über meine Laufbahn im Network-Marketing nachdenke, muss ich zugeben, dass Burke Recht hatte. 1991 gab es etwa 10 bis 15 Angebote mit Substanz. Mitte der 90er wurde in den Network-Marketing-Zeitschriften die gleiche Anzahl substanzieller Angebote im Monat besprochen. Und Ende der 90er gab es, dank Internet, mindestens 10 neue Angebote pro Woche.

Das bringt uns zum Thema automatischer Rekrutierungssysteme. Durch die heute über 40 verfügbaren Fernsehkanäle (in den USA sind es bereits 500), durch Voice-Mail, E-Mail, Internet-Video und -Audio, Autoresponder, Fax auf Abruf, Konferenzschaltungen, Video-Telefonleitungen, Handys, PDAs, Notebooks, Sattelitenfernsehen und so weiter ist der potenzielle Geschäftspartner benommen, überwältigt und fast taub.

Es gibt **UNGLAUBLICH** viele Angebote. Es gibt **UNGLAUBLICH** viele Möglichkeiten, sein Geld zu Hause zu verdienen. 1999 erkannte ich, dass die meisten potenziellen Geschäftspartner mit derart viel Material bombardiert werden, dass sie manchmal nur unterschreiben, um endlich ihre Ruhe zu haben. Durch traditionelles Network-Marketing, Internet-Einkaufszentren, Aktienhandel, Versandhäuser, Infomercials im Fernsehen am späten Abend, Versandaktionen von Audiokassetten, CDs und massenhaft versandte E-Mails sind die vielen Menschen, die vor 1996 nicht im Traum daran gedacht hatten, in den eigenen vier Wänden ein Geschäft hochzuziehen, einfach überfordert.

Ich spreche aus Erfahrung. 1997 schuf ich mein eigenes „Flex-Net", das aus unterschiedlichen Informationsquellen bestand, die mit einem „flexiblen Netz" miteinander verknüpft waren. Ich schrieb ein paar ausgezeichnete Texte und begann, jede Menge Menschen zu meiner Infozentrale zu treiben. Im Herbst hatte ich sechs völlig Fremde gesponsert, die ich nie gesehen, nicht gesprochen und als Person auch nicht rekrutiert hatte, und denen ich persönlich noch nie etwas zugeschickt hatte. Sie riefen mich an und fragten mich buchstäblich, ob ich ihr Sponsor sein wollte. Mein Flex-Net war ein riesiger Erfolg! (Oder etwa nicht?)

Wie würden Sie sich fühlen? Beim ersten Mal tanzen Sie vielleicht vor lauter Begeisterung durchs Büro. Leider ist es wahrscheinlich das gleiche Gefühl, das ein Kokainsüchtiger bei der ersten Linie Koks hat. Obwohl man wunderbar euphorisch ist, ist es ein kurzlebiges, süchtig machendes und destruktives Phänomen.

Alle sechs wohnten mindestens 1000 Kilometer weit entfernt. Ich glaubte irrtümlicherweise, ich müsste sie nicht persönlich besuchen, um ihnen zu zeigen, wie man Pläne präsentiert, Leute rekrutiert oder ein Meeting organisiert und Menschen zu Führungskräften ausbildet. Ich konnte nur eine Menge Matsch an die Wand schmeißen und hoffen, dass davon etwas kleben bleiben würde. Und was bildete ich mir eigentlich ein, Menschen ändern zu wollen? Entweder waren diese Leute natürliche Führungskräfte oder eben nicht. Dieser Ansatz war ziemlich fehlgeleitet, auch wenn er darauf basierte, was andere „Spitzenleute" in jener Zeit machten.

1998 sponserte ich über das Internet ungefähr 50 Personen. Sie alle waren auf mich zugekommen. Fast alle wollten sie mit der modernen Technologie Netze im kalten Markt aufbauen, aber ohne die Grundlagen des Geschäfts zu erlernen. Ich brachte fast alle 50 in einer Linie unter. Obwohl diejenigen, die zu Anfang eingestiegen waren, davon begeistert waren, unterstützten sie die Leute unter sich nicht. Es war buchstäblich so, als hätte ich eine Firstline von 50 Anfängern, für die ich ganz allein verantwortlich war, obwohl sie sich doch alle in einer Linie befanden. Nach 10 Monaten würde das Ganze natürlich explosiv wachsen, oder? Mit der ganzen neuen Technologie, all diesen Systemen, würde das riesig, nicht wahr? Aber nichts war weiter von der Wahrheit entfernt.

Meine Erfahrung damit, auf diesem Weg Menschen im kalten Markt zu rekrutieren, bestätigte all meine Grundüberzeugungen, was diese Branche betrifft. Rekrutieren ist kein Problem. Aber die Ausbildung von Führungskräften ist der geheime Motor, der die gesamte Maschine antreibt. Duplizierung ist das ganze Geheimnis. Und Schlichtheit und Klarheit sind der Schlüssel dazu.

Die Jahre 1999 bis 2001 waren Jahre der Unruhe, Verwirrung und Ablenkung, so wie es noch keine andere Periode in der Entwicklung des Network-Marketings gewesen ist. Es hat eine riesige Anzahl Firmenpleiten, Amalgamierungen und Übernahmen gegeben.

Es wurden kaum legitime Firmen mit einer herkömmlichen Network-Marketing-Struktur gegründet. Die Kosten einer solchen Gründung sind von den einstigen Mietkosten für eine Garage plus ein bisschen Kleingeld auf Millionen geklettert. Eine Großzahl mittlerer und großer Network-Marketing-Firmen beklagen die abnehmende Rekrutierungsrate, geringere Moral und generelle Malaise der Branche insgesamt. Welche Bedeutung hat das alles?

Ich bin der Meinung, dass sich unsere Branche in einer horizontalen Entwicklung befindet. Ein Prozess natürlicher Auslese findet statt. Schwache Unternehmen mit minderwertigen Geschäftsmodellen und Praktiken sterben aus. Große Firmen konsolidieren sich. Der Stärkste überlebt.

Die Demografie ist im Wandel. Die Generation der Babyboomer ist jetzt 50 Jahre oder älter. Sie sind nicht gerade erpicht darauf, fünf Abende pro Woche in der Stadt herumzufahren und auf irgendwelchen Küchentischen Kreise zu zeichnen. Network-Marketing, das Ende der 80er wie eine Autobahn zu einem sechsstelligen Einkommen führte, durchlebt einen fundamentalen Wandel. Heute wird es häufig nur noch als Möglichkeit genutzt, Steuern abzuschreiben oder um nebenher ein wenig Geld zu verdienen, oder weil die Produkte einem so gut gefallen. Der soziale Faktor gefällt vielen Menschen. Aber weil die meisten zugleich sehr beschäftigt sind, spielt die Intensität dessen, womit sie ihre Zeit verbringen, eine weitaus größere Rolle als die Zahl der Stunden, die sie für den Geschäftsaufbau benötigen.

Heute spielt die ERFAHRUNG, sich im Network-Marketing EINGEBUNDEN ZU FÜHLEN, eine wesentliche Rolle.

Gefallen mir die Leute, mit denen ich es zu tun habe?
Spüre ich Leistungsdruck?
Zollt man mir viel Anerkennung, und werde ich häufig gelobt?
Fühle ich mich gut, wenn ich diese Produkte präsentiere?
Macht dieses Angebot Spaß?
Erlebe ich immer wieder mal einen Triumph, und mache ich Fortschritte?
Wachse ich dabei als Mensch?

Wenn die Mehrheit der Babyboomer dem Network-Marketing keinen neuen Wachstumsschub bringt, wer dann?

Was ist mit den Generationen X und Y? Die Leute, die 1960 oder danach geboren wurden? Man rechnet die zwischen 1960 und 1964 Geborenen technisch noch zu den Babyboomern. Aber sie ziehen von Anfang an den Kürzeren. Der Arbeitsmarkt und alle guten Stellen sind bereits von den Älteren besetzt. Sie sind jetzt Anfang 40, haben zwei Kinder, ihre Eltern sind alt, sie zahlen den Kredit für Auto und Haus ab und sind bis über beide Ohren verschuldet. Man nennt sie bisweilen auch die „Sandwich Generation", weil sie sowohl für ihre Kinder als auch für ihre Eltern sorgen müssen.

Diese Leute hungern nach Freizeit, aber auch nach Geld und Sicherheit. Wenn einer der Partner den Job verliert, sitzen alle ziemlich tief in der Tinte.

Sie müssen die fünf Stunden, die sie wöchentlich Network-Marketing machen, so produktiv wie möglich nutzen. Diese Generationen haben hervorragende Kontakte, und wenn sie sich einlassen, dann voll und ganz. Sie haben keine Angst vor neuen Technologien. Viele aus dieser Altersgruppe stoßen derzeit zum Network-Marketing und werden das auch in der näheren Zukunft tun, da bin ich mir sicher.

Die Generation zwischen 20 und 40 Jahren ist seit der Jahrhundertwende wohl die Hauptzielgruppe, die das Wachstum des Network-Marketings antreiben wird.

Sie werden die Verjüngungs- und Gesundhei tspflegeprodukte, die Körperpflegeprodukte, Finanzdienstleistungen, Diätprodukte und juristischen Dienstleistungen an die reichen, alternden und zeithungrigen Babyboomer verkaufen.
Die Generationen X und Y arbeiten hart daran, sich im gnadenlosen Konkurrenzkampf zu bewähren. Sie fragen ihre Eltern beispielsweise: „Wie habt ihr es nur geschafft, uns mit einem Einkommen von € 30.000 im Jahr großzuziehen?“

Sie wollen die gleichen Spielzeuge und den Luxus, den die Babyboomer heute genießen, möchten aber nicht 20 Jahre darauf warten. Sie wollen einen LEBENSSTIL, und zwar sofort.

Ich habe die Erfahrung gemacht, dass diese Gruppe schnell die falsche Maske des Selbstschutzes aufsetzt, wenn man ihnen unser Geschäft präsentiert. Sie wollen einem weismachen, dass sie hervorragende Erfolge im Aktienmarkt erzielen und tragen die sichtbaren Erfolgssymbole: Kleidung und Spielzeug, Autos und Ähnliches mehr, nur um zu beweisen, dass sie das Network-Marketing nicht brauchen. Mit ihrer Skepsis, ihren Vorurteilen und begrenztem Wissen über unsere Branche geben sie eine Menge negativer Anekdoten darüber zum Besten.

Vielleicht wird ihnen eine Rezession in den Hintern treten und zeigen, was Sache ist, ähnlich wie der wirtschaftliche Rückgang Anfang der 90er den Babyboomern ein wenig Bescheidenheit beigebracht hat.

Wenn Sie Network-Marketing machen, sollten Sie noch mal über Folgendes nachdenken: Die Grundlagen der Phase I des Wachstums werden auch in der nächsten Phase wesentliche Bedeutung haben. Dabei ist die Förderung von Führungskräften das Wichtigste, ebenso wie der Nachdruck auf die soziale Komponente unseres Geschäfts. Seine Zeit optimal zu nutzen, wird weit wichtiger sein, als die Anzahl Stunden, die man letztlich aufbringt.

Ich bin davon überzeugt, dass die Menschen heute nach Sponsoren und Organisationen suchen, die die Technologie dazu nutzen, Informationen so effektiv wie möglich zu verbreiten. Diese müssen aber außerdem einzigartige und sichtbare soziale Strukturen aufweisen, die ihnen die Erlebnisqualität bietet, nach der sie suchen.

Die Zukunftsforscherin Faith Popcorn prognostizierte, dass die Menschen in den 90ern am liebsten zu Hause Videos anschauen oder ein Buch lesen würden, Stichwort „Cocooning“. Heute sehen wir allerdings, dass die Menschen nach sozialen Kontakten hungern, egal ob direkt und persönlich oder über das Internet: Chats gehören zu den populärsten Angeboten im Netz.

Die Network-Marketing-Branche muss sich weiterentwickeln, um den Menschen das soziale Element zu bieten, nach dem sie suchen. Ich habe in meiner Organisation wunderbare Menschen, die sich seit Jahr und Tag engagieren, ohne viel zu verdienen, und zwar, weil sie die monatlichen Meetings, die jährliche Convention und das Sommer-Barbecue lieben. Die Freunde, die sie Downline-übergreifend bei solchen Gelegenheiten finden, erfüllen ein grundlegendes, menschliches Bedürfnis.

Wenn Sie in dieser Branche nach Größe streben und jemand sein wollen, der Menschen, Führungskräfte und Teams bildet, dann müssen Sie das menschliche Element besonders im Auge behalten.

Das Rekrutieren wird sich immer weniger automatisieren lassen. Aber auch, wenn Online-Videos und -Audios und andere Internet-Technologien den Informationsfluss weiter optimieren und die Vertriebskosten senken, lebt diese Branche von der Interaktion zwischen den Menschen, vom Austausch von Überzeugungen, Erfahrungen und Begeisterung.

Ich bin der Meinung, dass unsere Branche die öffentliche Wahrnehmung von innen her ändern muss. Zu protzen, dass man in unserem Geschäft schon nach drei Monaten € 10.000 im Monat verdienen kann, führt bei potenziellen Geschäftspartnern zu immenser Skepsis und dazu, dass uns die Behörden ganz genau beobachten. Dabei hat Network-Marketing den Menschen sehr viel zu bieten. Wenn wir erzählen, wie man Steuern sparen und was man als Nebenberufler alles erreichen kann, wie man sein Einkommen maximiert, und wenn wir realistische 3- bis 5-Jahrespläne präsentieren und aufzeigen, wie man ein gutes zweites finanzielles Standbein für seine Familie entwickeln kann, werden wir weit stabilere Geschäftspartner mit einer größeren Ausdauer anziehen.

Ich sehe die Zukunft unserer Branche sehr optimistisch. Gut organisierte Firmen mit hervorragenden Konsumprodukten werden auch weiterhin lebenslange Kunden finden. Gut geführte Unternehmen, die eine effektive Partnerschaft mit ihren Partnern im Feld pflegen, werden die fatalen Fehler, die in den 90ern gemacht wurden, zu vermeiden wissen. Firmen mit realistischen Wachstumsstatistiken, die sich strikt an die gesetzlichen Regeln halten, werden sich fern halten von den verheerenden Schlägen, die die Jewelways, Gold Unlimiteds, Destinys und One-Sources vom Markt gefegt und hunderttausende Networker enttäuscht und ausgebrannt zurückgelassen haben.

Im nächsten Jahrzehnt des Network-Marketings wird es um Qualität gehen. Wir stehen vor einer neuen Welle von Führungskräften mit jugendlicher Begeisterung. Professionelles Network-Marketing wird 2015 eine respektable und hervorragende Karriere bieten.

Wie groß wird die nächste Wachstumsphase sein? Heute schätzt man, dass fast 10 % der Bevölkerung in Amerika ins Network-Marketing involviert ist. Entweder als Konsument oder als Geschäftspartner. Wenn diese Zahl im Laufe des nächsten Jahrzehnts dank neuer Technologien, die den Prozess weiter vereinfachen und schneller machen, die 20 % überschreitet und die Organisationen im Feld das soziale Element und die Erfahrungsqualität steigern, wird man unsere Branche kaum wieder erkennen. Es wird wahrscheinlich Firmen geben, die 15 bis 20 Milliarden umsetzen statt der heutigen 3 bis 4 Milliarden, auf dem Fuß gefolgt von 100 oder mehr weiteren Firmen. Die Zahl der Menschen, die als Vollzeitkraft oder Nebenberufler ein zusätzliches Einkommen erwirtschaften, wird riesig sein. Und Sie und ich können diese nächste Welle ermöglichen.

Wir müssen auch weiterhin mehr an uns selbst, als an allen anderen Aspekten dieses Geschäftes arbeiten…

Notizen:

Kapitel 12

Mein größter Fehler in diesem Geschäft

Kapitel 12 – Meine drei größten Fehler in diesem Geschäft

Die Arbeit an diesem Kapitel war sehr interessant. Ich habe eine Menge Fehler gemacht und sie auf 3 oder 4 zu reduzieren, war gar nicht einfach. Viele Fehler waren in Wirklichkeit Experimente. Sie sind vergleichbar mit den Bemühungen von Thomas Edison, als er die Glühbirne perfektionieren wollte. Er hat über 10.000-mal „versagt", aber er meinte, er hätte vielmehr 10.000 Möglichkeiten entdeckt, wie man *keine* Glühbirne herstellen kann. Ich denke mal, ich habe hunderte Mittel und Wege entdeckt, wie man im Network-Marketing keine Downline aufbauen kann.

Ich erinnere mich noch, wie ich am Anfang meiner Laufbahn in dieser Branche hörte, dass auch dann, wenn etwas im Network-Marketing funktioniert, dies nicht bedeutet, dass man es auch tun soll. Dass SIE etwas tun können, heißt nämlich noch lange nicht, dass auch Ihre Downline das kann. Zum Glück hatte ich am Anfang meiner Laufbahn nicht genügend Geld, um ein Infomercial zu finanzieren. Ich habe erlebt, wie eine berühmte Spitzenkraft einer anderen Firma auf diese Weise ein Vermögen verlor. Denn obwohl er jede Menge Kontakte bekam, konnte er nie jene Duplizierung erreichen, die er für langfristiges Wachstum benötigt hätte. Seine Leute konnten keine Kontakte übers Fernsehen knüpfen und daher ihren Sponsor nicht nachahmen. Das ist in dieser Branche nicht ungewöhnlich. Egomanen glauben, dass es in diesem Geschäft um sie ginge. Und so lernen sie nie, worum es eigentlich geht.

Langfristiger Erfolg im Network-Marketing basiert schlicht darauf, in seiner Downline genügend Führungskräfte auszubilden.

Hier ist ein Spruch, den ich mir bei jedem neuen „Experiment" laut sage: „Die Frage lautet nicht: ‚Funktioniert es?', sondern immer: ‚Lässt es sich duplizieren?'"

Mit Ihrer Zustimmung möchte ich Ihnen drei grobe Fehler aus den Logbüchern meiner Experimente mitteilen…

Grober Fehler Nr. 1 – Das Kestrel Erfolgszentrum

Es geschah 1996. Ein wunderbarer Frühling in Toronto. Mein Network-Marketing-Geschäft lief hervorragend. Aber ich war erschöpft. Wir organisierten wöchentlich in zwei Städten Business-Briefings. Ich hatte mich zu einem guten Redner entwickelt, und es bereitete mir Schwierigkeiten, das Mikrofon an andere zu übergeben. Die Meetings hatten zwischen 75 und 120 Teilnehmer, und es war schwer, Anfänger dazu zu bewegen, ans Mikrofon zu treten. Wer Gäste mitgebracht hatte, forderte natürlich ein Super-Meeting. Was das Ganze noch schlimmer machte, war, dass ich an einem See wohnte, mehrere Stunden von der Stadt entfernt.

Es fiel mir wirklich schwer, einige Verantwortlichkeiten im Rahmen des Business-Briefings zu delegieren. In jener Phase meiner Laufbahn war ich teils Perfektionist, teils kontrollversessen und teils schüchtern und gehemmt. Mir war klar, dass ich meine Downline ranlassen musste. Aber aus irgendeinem Grund trug ich immer die Produktauslage ran, schleppte das Material für den Anmeldetisch herbei, arbeitete am Einlass, legte die Musik auf, machte das halbe Meeting und nahm das ganze Zeug hinterher wieder mit nach Hause. Ich sah mich als Hauptverantwortlichen und nörgelte auch noch.

„Warum geben wir nur jede Woche so viel Geld für Hotel-Meetings aus? Ich bin es müde, den ganzen Kram rumzuschleppen. Warum kann das nicht jemand anderer machen? Das ist nicht fair. Bla, bla, bla…"

Ein paar Tage später saß ich auf meiner Couch und schaute die Anzeigen in der Zeitung durch. Ich fand eine von einer Maklerin, die Mieteinnahmen anbot. Immer auf der Suche nach neuen Einkommensmöglichkeiten rief ich sie an.

Wir trafen uns und kamen auf mein Geschäft zu sprechen. Ich gab ihr meine 30-Sekundenwerbung. Ein paar Bemerkungen später spielte sie mir einen Ball zu, der mich taumeln ließ.

Sie erzählte mir von einem perfekten Bürokomplex, den sie mir einfach zeigen musste. Die Spitzenkraft von Mary Kay Cosmetics in Kanada setzte sich zur Ruhe und wollte ihr Trainingscenter untervermieten. Ich dachte mir: „Kann nicht schaden, es mir mal anzusehen."

Wir trafen uns am nächsten Tag in einem Industriekomplex im westlichen Toronto, ein hervorragendes Viertel mit lauter Bürogebäuden, keine Abfallhaufen oder Ähnliches und leicht mit dem Bus zu erreichen. Wir gingen durch den Vordereingang, und überall hingen Poster von hübsch gekleideten jungen Damen mit hervorragendem Make-up. Rosa. Rosa. Überall. Alles war rosa. Mehr rosa haben Sie noch nirgendwo gesehen. Rosa!

Nachdem meine Augen sich daran gewöhnt hatten, wachte mein Jagdinstinkt auf. Ich lief schnell überall herum und sah mir alles genau an. Riesige Lobby, grandioser Empfang. Riesiger Veranstaltungssaal für etwa 120 Leute, Tonanlage, Bühne, ausgezeichnet bestuhlt. Kleine Verkaufsbüros mit zweigeteilten Türen, deren obere Hälfte man getrennt öffnen konnte. Hervorragende Werkzeuglager. Drei Konferenzzimmer, die wie Klassenzimmer aussahen für jeweils etwa 50 Leute. Hauptbüro und kleineres Nebenbüro. Zwei Toiletten. Insgesamt etwa 4200 qm.
Habe ich das Rosa schon erwähnt?

Der Hauptversammlungssaal war fantastisch. In einem früheren Kapitel habe ich schon erwähnt, wie sehr die Trophäen und Plaketten mich beeindruckten. Die Frau war erstaunlich. Kein Wunder, dass sie die Bienenkönigin war. Alles atmete Professionalität und großen Stolz auf Mary Kay. Alles atmete die Kultur, die in ihrer Organisation Gestalt angenommen hatte.
Ich war ziemlich betroffen, als die Maklerin mir erzählte, dass die Eigentümerin sich zur Ruhe setzte, weil sie von Multiple Sklerose an den Rollstuhl gefesselt wurde. Stellen Sie sich vor, Sie arbeiten 20 Jahre lang wie ein Stier am Aufbau Ihres Geschäfts, nur um schließlich von Gesundheitsproblemen zur Aufgabe gezwungen zu werden. Das Leben ist wirklich nicht fair.

Ich fing an zu rechnen. Ich erinnerte mich an die ursprünglichen Büros meiner Sponsoren, als ich 1987 bis 1991 in dieser Branche anfing. Sie fuhren riesige Autos und schienen nebenbei noch an ihren Büroräumen zu verdienen. Und obwohl ich nervös hätte sein sollen, war ich begeistert. Aus irgendeinem Grund blockierte mein Gehirn meinen gesunden Menschenverstand und überschlug sich förmlich bei dem Gedanken an das enorme Potenzial. Ich hatte das Klubhaus-Center und die Idioten vergessen, die mich Anfang 1995 belästigten.

Ich zeigte das Ganze meiner Frau. Sie war nervös. Ihr gesunder Menschenverstand funktionierte einwandfrei. Wir gingen ein paar Zahlen durch. Ich meinte, dass ich, wenn ich die beiden Konferenzzimmer zu jeweils sechs Büros umbauen konnte, ich diese den Spitzenleuten meiner Downline vermieten könnte. Ich hatte 1991 erstmals gesehen, wo ein großer Fisch etwa 25 kleine Büros in seinem Trainingscenter untervermietet hatte.

Ich nahm ein paar Spitzenkräfte mit auf eine Tour und zeigte ihnen, was ich vorhatte. Ich weckte richtige Begeisterung und erzählte ihnen von den leicht zu organisierenden wöchentlichen Meetings, Spezialtrainings, privaten Events,

und wie das alles ihre Glaubwürdigkeit steigern würde usw. Es war nicht schwer, ihre mündliche Zusage zu bekommen, die Büros anzumieten.
Ich musste etwa einen Monat lang betteln und Überzeugungsarbeit leisten, bevor die Dame von Mary Kay mir das Ganze zur Untermiete überlassen wollte. Sie wollte eigentlich, dass jemand aus ihrer Downline das Ganze übernehmen sollte. Ich traf sie in ihrer überwältigenden Villa am Seeufer in einem der teuersten Viertel Torontos. Sie war wirklich eine bemerkenswerte Frau. Es war nicht schön, sie an den Rollstuhl gefesselt zu sehen. Aber ich wollte den Ort haben. Schließlich gab sie meinem jugendlichen Überschwang nach. Ich unterschrieb einen 2-Jahresvertrag zu $3.500 monatlich. Mein Einkommen lag bei nur $12.000 im Monat. Was auch immer werden würde, ich hatte mich zwei Jahre lang an das Objekt gebunden.

Ich stand unter Druck und wollte schnell einziehen. Ich bekam Kostenvoranschläge von Malern, Gebäudereinigern und Schreinern. Insgesamt sollten die Änderungen am Mietobjekt $15.000 kosten, und mein Bankkonto schrie entrüstet auf! Innerhalb von 4 Wochen gab es sechs gut ausgestattete Büros, eine Telefonanlage, Computer, ein voll ausgerüstetes Lager und einen Versammlungssaal für 120 Geschäftspartner und Gäste.

Im Frühsommer 1996 feierten wir die Eröffnung. Es war brechend voll! Und es war aufregend, eine Menge Energie, mit allem Drum und Dran! Ich war mir sicher, dass wir's geschafft hatten: Wir waren auf dem bestem Weg an die Spitze! Schließlich hatten wir die letzten Gäste um Mitternacht rausbugsiert, und ich machte mich auf die einstündige Fahrt nach Hause. Ich konnte in jener Nacht vor Aufregung kaum schlafen.

Das böse Geräusch des Weckers weckte mich aus meinem Schlummer. Ich hatte ihn fast ein ganzes Jahr lang nicht mehr benutzt. Ich war es gewohnt aufzuwachen, wenn ich mit dem Schlafen fertig war. Aber ich hatte versprochen, ein paar Führungsleute im Kestrel Erfolgszentrum (so hatten wir es aufgrund des Straßennamens genannt) zu treffen. Ich kroch im Berufsverkehr morgens um acht eine Stunde lang Richtung Toronto.

Der Tag verlief gewiss nicht nach Plan. Die Hälfte der Spitzenleute, die sich eigentlich dazu verpflichtet hatten, an diesem Morgen da zu sein, war nicht erschienen. Die andere Hälfte hatte schlechte Nachrichten. Sie hatten ihre Finanzen noch einmal geprüft und beschlossen, dass es finanziell nicht sinnvoll war, ein Büro anzumieten. Alle ließen mich im Stich.

Am Tag nach der großen Eröffnungsfeier stand ich ohne die $2200 an Mieteinnahmen da, mit denen ich gerechnet hatte. Ich konnte meinen Spitzenleuten leider den Hals nicht umdrehen, denn das wäre schlecht fürs Geschäft gewesen. Und so lernte ich eine wertvolle Lektion…
Mein Hirn legte den höchsten Gang ein. Ich hasse Schulden leidenschaftlich. Statt mich um den Aufbau meiner Downline zu kümmern, konzentrierte mich nun ganz darauf, mit meinem Büro Gewinn zu erwirtschaften. Es sollten die aufreibendsten sechs Monate meines Lebens werden.

Ich organisierte gleich drei öffentliche Meetings plus ein Training pro Woche. Wir machten Dienstag- und Donnerstagabend ein Business-Briefing und außerdem eins um 9 Uhr am Samstag. Gefolgt von einem Training für neue Geschäftspartner, das bis 1 Uhr ging. Einige Parttimer, denen wir eingehämmert hatten, dass sie bei jedem Meeting dabei sein mussten, hatten nun auf einmal wöchentliche Kosten von $15 statt $5. Bei $60 monatlich für Meetings konnte manch einer es sich nicht mehr leisten. Also schaffte ich das alte Preismodell ab und führte eine „Monatsmitgliedschaft" ein, mit der man für $20 an so vielen Meetings teilnehmen konnte, wie man wollte. Das half ihnen ebenso wie mir.

Obwohl der Sommer auch im Network-Marketing immer schon eine eher träge Zeit ist, verließ ich mich ganz und gar darauf. Zu dieser Zeit hatte ich drei Linien am Laufen, und sie taten wirklich ihr Bestes. Wir hatten fantastische Meetings, jede Menge Gäste und viele Neurekrutierungen. Aber ich musste jeden Morgen früh aufstehen, eine Stunde in die Stadt fahren, zwei Mal die Woche ein Arbeitsessen mit meinen Spitzenleuten durchführen und natürlich die ganzen anderen Arbeiten. Ich brannte aus.

Ich machte jeden Mittwoch ein Training: „Reden und Präsentieren in der Öffentlichkeit." Ich musste eine neue Riege guter Redner schaffen, die öffentliche Meetings leiten konnten. Was habe ich mir bloß dabei gedacht? Statt Neulinge sich das Recht verdienen zu lassen, auf die Bühne zu treten und durch die Schule hunderter privater Wohnzimmer zu gehen, schob ich Grünschnäbeln nach drei Monaten ein Mikrofon in die Hände und schickte sie auf die Bühne. Wahnsinn… wobei ich auch sagen muss, dass die Leute es ganz großartig fanden! Sie genossen die persönliche Entwicklung, die Kameradschaft in der Klasse und dass sie nicht jeden Mittwoch raus mussten, um ihr Geschäft aufzubauen!

Nach jedem Meeting war der „Werkzeug-Laden" auf. Damit konnte ich einige Kosten decken. Und ich machte ein Geschäft mit einer „Werkzeug"-Firma und wurde zum kanadischen Versandzentrum einer US-Firma. Ich heuerte einen jungen Mann aus meiner Downline an, der die Sachen versandfertig machte. Der Raum war für alle in meiner Gruppe strikt tabu, denn ich hätte ihnen wohl eine Menge erklären müssen, wenn sie die Enrich-, Rexall-, Usana-, Upline- und Nuskin-Werkzeuge gesehen hätten, die dort bis unter die Decke gestapelt waren! Und UPS und Fedex kamen jeden Tag und brachten und holten Lieferungen ab. Der Versand bereitete mir immer wieder Kopfschmerzen.

Irgendwie hatte sich das, was anfangs so eine gute Idee zu sein schien und eine Lösung für so manchen Stress, in einen Albtraum verwandelt. Ich musste fünf Tage die Woche um 9 Uhr morgens da sein, für den Fall, dass UPS oder Fedex vorbeikamen. Ich beschäftigte jemanden am Empfang als Parttimer. Ein weiterer Parttimer machte den Versand. Ich organisierte und leitete drei Business-Briefings, zwei Arbeitsessen, ein Samstagstraining und ein Rednertraining die Woche. Ich kam nie vor Mitternacht weg und lag frühestens um 1 Uhr im Bett. Nach drei Monaten war ich ein Zombie. Der Sommer, der glorreiche Sommer war bereits vorbei. Ich glaube, ich war in jenem Sommer nicht ein einziges Mal in meinem Swimmingpool.
Im Spätsommer schaltete ich eine Kleinanzeige in der Toronto Sun:

> Amway, Nuskin, NSA, Herbalife. In den 80ern und 90ern wurden Millionen verdient. Entdecken Sie den nächsten milliardenschweren Giganten. Telefon: 555-5555

Das war mein erster Versuch seit über fünf Monaten, wieder jemanden zu rekrutieren. Einige Zeit später saß ich in meinem Büro, als mein Telefon klingelte. Jemand reagierte auf die Anzeige.

Ich bat ihn, mich zu besuchen. Ich hatte das Gefühl, in der Falle zu sitzen. Ich konnte den Ort nicht verlassen, um den Plan zu präsentieren. Dieses Zentrum hatte mich am Wickel…

Er reparierte Aufzüge - und das 80 Stunden die Woche. Er war fünf Monate lang bei Amway erfolglos gewesen. Er kam in einer Arbeitsmontur voller Ölflecken. Ich erschauderte. Ich saß im Anzug und Krawatte da und war ein wenig enttäuscht von seinem Aussehen. Aber ich präsentierte ihm mein Angebot und lud ihn zum Meeting am nächsten Abend ein. Ich wusste, dass er sowieso nicht kommen würde.

Ich war also höchst erstaunt, ihn am nächsten Abend zu sehen, mit Krawatte und Anzug. Er kam recht früh und setzte sich in die erste Reihe. Das Amway-Training! Er trat am nächsten Tag bei.

Wir machten das Training für neue Geschäftspartner, und ich bot ihm an, mit seinen Toronto-Kontakten zu arbeiten. Die meisten Leute auf seiner Liste waren in ganz Ontario verstreut und wohnten mindestens 2 Stunden entfernt. Ich bedauerte, dass ich so sehr in meinem Büro beschäftigt war und hob nochmals hervor, wie wichtig es sei, eine Organisation vor Ort in der Stadt aufzubauen. Ich war ziemlich frustriert. Ich wusste, dass er und ich zwei Abende die Woche unterwegs sein und Kreise auf Küchentischen zeichnen und die Tiefe unter ihm fördern sollten. Ich wusste, dass er, wenn er innerhalb von 90 Tagen keine richtigen Erfolge erfahren würde, mir wahrscheinlich abspringen würde.

Im Oktober rief er mich ganz aufgeregt an. Er hatte einen alten Studienfreund angerufen, den er seit 10 Jahren nicht mehr gesprochen hatte. Er erzählte mir, dass sein Freund Jim Bauer ist und in den 70ern bei Amway war. Jim der Bauer erzählte Terry dem Fahrstuhlmechaniker, dass er bloß nicht kommen sollte, um ihm irgendein Network-Marketing-Angebot zu unterbreiten. Terry ließ aber nicht locker, und nach drei Versuchen gab Jim schließlich nach.

Jim wohnte etwa 3 Stunden von Toronto und etwa 2 Stunden von meinem Haus entfernt. Ich sagte Terry, dass ich dort nur dann hinfahren würde, wenn er die Präsentation allein gemacht und Jim den Aufnahmeantrag unterschrieben hätte. Terry fuhr also die 3 Stunden allein dorthin und präsentierte Jim, der mit steinerner Miene dasaß und die Arme über der Brust verschränkt hatte, eine Stunde lang den Plan. Am Ende der Präsentation schickte Jim Terry nach einem kurzen Händedruck heim – drei einsame Stunden Heimfahrt. Jim war froh, dass es vorbei war. Er würde sich nie wieder auf Network-Marketing einlassen. Aber seine Frau war anderer Meinung. Sie hatte gebetet, um eine Chance zu bekommen. Etwa eine Woche später war Jim dabei.

Terry erinnerte mich an mein Versprechen. Ich fuhr mit ihm die drei Stunden zu dem Ort, wo Jims Eltern wohnten. Sie wohnten auf einem Bauernhof in einem Dorf mit 500 Seelen. Zu meiner Überraschung war ihr Haus berstend voll!

Es war wie eine frische Brise, ein Stück Fleisch für einen hungernden Hund, eine kühle Flasche Evian für einen Mann, der in der Wüste verloren ist! Es waren wunderbare Menschen. Nicht die Spannung der Großstadt, keine Anzüge und Krawatten, keine laute Musik, kein blödes Trainingszentrum! Wir sponserten an jenem Abend mehr Leute für Terrys Gruppe, als ich persönlich in Monaten gesponsert hatte. Dies war eine brandneue Linie. Mir wurde klar, wie wertvoll diese neue Goldader war. Wenn ich diese Linie aufgebaut hatte, würde ich zum Emerald aufsteigen, und mein Einkommen würde monatlich um mindestens $5000 steigen.

Die lange Heimfahrt brachte wieder Klarheit in meine Mission. Das Zentrum musste aufgelöst werden. Die Schwierigkeit war nur: Wie?
Der menschliche Körper ist erstaunlich widerstandsfähig. Ich arbeitete seit sechs Monaten sehr hart und hatte höchstens fünf Stunden Schlaf pro Nacht. Die ursprünglichen drei Linien liefen prachtvoll. Ich hatte eine neue Linie im Anfangsstadium, die die nächsten paar Monate meine volle Aufmerksamkeit verlangte. Ich rief meine Maklerin an, um mal zu hören, ob sie eine gute Idee hatte.

In den nächsten paar Wochen sprach sie mit der Eigentümerin, der Vermieterin, den Mietern links und rechts neben mir und überzeugte sie irgendwie davon, meine 4200 qm für ihre Druckerei zu übernehmen. Weihnachten 1996 war ich das Kestrel Erfolgszentrum los, die

Wände wurden eingerissen und das Ganze war aufgelöst!
Der Keller in meinem Haus wurde zum Lager für Schreibtische, 120 Stühle, eine Riesenmenge Network-Marketing-Werkzeuge und jede Menge anderen Kram. Ich war $23.000 los und sehr viel klüger.
Um meine wiedergefundene Freiheit zu feiern, nahm ich meine Frau mit auf eine Luxus-Kreuzfahrt in die Karibik, gefolgt von einer Woche in Disney World. Wir kamen im Februar zurück bei Schnee und Eis, 20 Grad minus und einen Keller, der einen Meter unter Wasser stand! Aber das ist eine andere Geschichte…
Die gute Nachricht lautete, dass die Organisation von Jim dem Bauern im April bereits 200 Mitglieder zählte und wuchs wie Unkraut! Falia und ich wurden nach 27 Monaten Arbeit zu Emerald Directors unseres Unternehmens. Hätten wir das schneller erreichen können? Wahrscheinlich. War das wichtig? Die Provisionsschecks linderten die Schmerzen ein wenig…

Was habe ich aus der Kestrel-Erfahrung gelernt?

- Geschäftspartner wollen nicht viel Geld für Büroräume ausgeben.
- Die soziale Komponente von Meetings ist ganz wesentlich.
- Zu viel des Guten ist schlecht.
- Arbeitnehmer verursachen nur Kopfschmerzen.
- $ 4000 pro Monat für Overhead-Kosten sind viel zu viel.
- Sie und ich können immer weit mehr tun, als wir uns vorstellen können.
- Es gibt immer eine Lösung, wenn man wirklich danach sucht und um Hilfe bittet.
- Wecker sind ein Fluch.
- Im Berufsverkehr fahren zu müssen, ist ein Fluch.
- Wenn man will, findet man im Network-Marketing Freunde fürs Leben.
- Achte die Leute auf der Ebene, auf der sie zum Network-Marketing stoßen.
- Wenn man es am wenigsten erwartet, wird man wunderbar überrascht.
- Network-Marketing macht man am besten im Golfklub, Coffeeshop oder am Küchentisch.

Grober Fehler Nr. 2 – Der Sommer-Zischer

Im Mai 1998 wollte ich meiner Organisation eine Portion hochenergetischer Begeisterung verpassen, insbesondere den Projekt-Linien, in die ich viel Zeit investierte. Normalerweise ist das Geschäft im Sommer träge, und die Leute nehmen sich häufig frei – ich wollte jedoch das Gegenteil erreichen.

Damals war es in unserer Firma wie in der ganzen Branche populär, landesweite Interessengemeinschaften aufzubauen, Kassetten zu verschicken und den kalten Markt massiv zu bearbeiten. Statt a) wieder in die Wohnzimmer zu gehen und b) auf meine kluge Frau zu hören, beteiligte ich mich c) an dieser Dummheit und folgte den Lemmingen in die populäre, teure Strategie.

Ich schrieb einen wirklich fantastischen Werbebrief - und ich meine wirklich fantastisch! - um damit eine große Anzahl Interessenten aufzubauen. In meiner ursprünglichen Planung rechnete ich mit maximal 10 Interessenten, mit denen ich zusammenarbeiten wollte, die jeweils eine dreimonatige Verpflichtung von $100 monatlich eingehen würden. Damit lägen unsere Ausgaben bei $1000 und würden etwa $10 pro Kontakt betragen. Dadurch würden wir etwa 100 Kontakte pro Monat herstellen, die wir unter uns aufteilen konnten.

Leider leckte der Werbebrief aus. Die Leute in den Downlines waren begeistert. Ich hatte meine ganze Verkaufserfahrung in den Brief gelegt. Und das war zu viel des Guten. Tonnenweise kostenloses Training, Bücher, Audiokassetten, Kontaktadressen, unbearbeitete Adressen, ein 50-seitiges Handbuch; es war ein unwiderstehliches Paket. Mein Telefon klingelte unentwegt.

Als der Staub sich gelegt hatte, waren 107 Leute in meiner Interessengemeinschaft, die monatlich jeweils $100 bis $200 einbrachten. Wir hatten ein Budget von $34.000 im Monat! Ich dachte zunächst, das sei wirklich fantastisch. Aber schon bald erkannte ich die grausame Wahrheit.

Etwa 90% der Downline der Interessengemeinschaft wohnte in Kanada. 70 % davon waren weniger als 8 Monate im Geschäft, und in überwältigender Mehrheit waren produktorientierte Parttimer, die einmal monatlich ein örtliches Meeting besuchten und denen dieses Geschäft einfach nur gefiel.

Es wurde schon bald klar, was es bedeutet, eine hauptsächlich US-amerikanische Adressliste zu bereinigen. Ich hatte von einem Adresshändler eine Liste mit 100.000 Namen gekauft, die sich als absoluter Schrott erwies: 40 % der Post war unzustellbar. Und obwohl wir die Namen 10 zu 1 ersetzen konnten, mussten meine armen Mitglieder zusehen, wie ihr Geld verschwendet wurde. Parttimer haben keine Ahnung vom langfristigen Nutzen bereinigter Listen und dem lebenslangen Wert eines einmal gewonnenen Kunden. Sie sehen nur, dass mehr und mehr Geld verschwindet.

Ich kaufte die Genealogien dreier erloschener Network-Marketing-Firmen, fast 60.000 Namen und Telefonnummern. Parttimer finden es fürchterlich, Network-Marketer kalt anzurufen, deren Unternehmen soeben zusammengebrochen ist. Apropos Schmerzen und Leiden: Anfänger, die Anfänger anrufen, die gerade ihre Firma verloren haben, um ihnen ein neues Angebot zu verkaufen. Das macht keinen Spaß…

Wir erhielten außerdem mehrere tausend Kontakte über Anzeigen in wichtigen Network-Marketing-Publikationen. Jeden Tag erhielten wir ein Fax mit den Daten der Leute, die unsere 0800er Nummer angerufen hatten. Sie sprachen mit echten Personen, die die Information aufnahmen. Allerdings war der Dienstleister leider grottenschlecht. Sie können sich gar nicht vorstellen, wie viele Tippfehler man machen kann. Bei über $250 für die 0800er Nummer dürfte man doch ein wenig Qualität erwarten.

Insgesamt kaufte, tauschte oder kreierte ich etwa 100.000 echte Kontakte. Ich verfasste als Follow-up einen Fragebogen und schickte ihn allen 107 Teilnehmern an der Interessengemeinschaft zu. Nur drei gaben sich überhaupt die Mühe, mir die Ergebnisse ihrer Versandaktionen, Telefonkampagnen und dem Follow-up zuzuschicken. Fürchterliche Zahlen. Ich war entsetzt, wie viele Teilnehmer sich beschwerten. Die Folgen des Ganzen waren katastrophal. Man gab mir die Schuld und hasste mich – es fiel mir schwer, das alles hinzunehmen. Führungskräfte verloren Leute, die das Network-Marketing an den Nagel hängten, weil sie erfolglos tausende Dollar für Versandaktionen und Telefonrechnungen ausgegeben hatten. Die meisten Teilnehmer erzielten grauenhafte Ergebnisse. Aber nicht alle… Erinnern Sie sich noch an die 80/20-Regel? Etwa 20 % hatten das hervorragende Handbuch gelesen, das ich ihnen zugeschickt hatte, und zwar ehe sie damit anfingen, die Kontakte zu knüpfen. Sie achteten darauf, ob ihre Gesprächspartner geeignet waren und gingen schrittweise vor, und das nur mit geeigneten Kandidaten… ihre Ergebnisse waren gut bis ausgezeichnet. Die anderen 80 % waren den leichten Weg gegangen… sie ließen sich nichts beibringen und folgten den Richtlinien und Hinweisen nicht, die ich ihnen zugeschickt hatte… und erzielten fast alle schlechte Ergebnisse.

Ich hatte eigenartigerweise die wenigsten Adressen übernommen. Davon sponserte ich nur sechs bis sieben. Aber ich war fantastisch am Telefon. Ich sorgte für sorgfältiges Follow-up. Ich war bereits erfolgreich.

Ich hätte keine Anfänger in die Interessengemeinschaft aufnehmen sollen.

Ich lieferte sie lebendig ans Messer. Ihnen fehlte die notwendige Erfahrung, Finanzkraft und Fähigkeit. Es war eine der schlimmsten Erfahrungen meines Lebens. Es tat mir sehr, sehr Leid. Und ich lernte einige wertvolle Dinge:

- Tun Sie nie etwas für andere, was diese eigentlich selbst tun sollten.
- Der kalte Markt bringt Anfänger um.
- Eine Adresse in Mallorca oder auf den Kanarischen Inseln ist nur gut, wenn man dort wohnt.
- Machen Sie niemals Experimente mit Ihrer Downline.
- Ahmen Sie nicht nach, was alle Network-Marketing-Junkies machen.
- Die Grundlagen des effektiven Network-Marketings haben sich in den letzten 50 Jahren nicht geändert.
- Sein Werbebudget gibt man am besten in der eigenen Stadt aus.
- Kassetten zu verschicken, ist äußerst ineffektiv.
- Es kommt nicht auf die Anzahl potenzieller Geschäftspartner an, sondern auf deren Qualität.

Grober Fehler Nr. 3 – Traumnacht 2000

Sie haben bereits etwas über die großartige Traumnacht 1999 gelesen und welche Dynamik sie erzeugte, wie viele Leute in ihrem Sog rekrutiert wurden und wie viele dadurch vorwärts gekommen sind. Und dass sie als Katalysator fungierte, der meine Frau und mich zum Diamond machten.

Nachdem wir den Wahnwitz des „Computervirus zur Jahrtausendwende“ überlebt hatten, planten wir das Jahr 2000. Natürlich forderten alle lautstark eine weitere Traumnacht. Wir planten sie für den Freitagabend vor der großen, regionalen Convention im Frühling.

Wir verschickten die Einladungen frühzeitig und versprachen den Leuten einen Abend, den sie nie vergessen würden! Ziemlich viele Leute, die bereits für die Traumnacht 1999 qualifiziert gewesen, aber nicht gekommen waren, gehörten zu den Ersten, die sich anmeldeten. Wir hatten fast 100 Leute aufgrund ihres derzeitigen Ranges eingeladen. Ein großer Fehler.

Es würde nicht leicht sein, das letzte Ereignis zu toppen, aber es musste sein – fand ich. In der Nähe des SkyDome in Toronto steht der welthöchste freistehende Turm, der CN-Tower. Ich beschloss, den Nachtklub ganz oben anzumieten, der die Stadt etwa 300 Meter überragt!

Meine Frau organisierte einen erstaunlichen Empfang mit dem Stab des CN-Towers. Das Essen war unglaublich, komplett mit Punsch-Gläsern, die man als Souvenir mitnehmen konnte, Musik, und allem Drum und Dran. Wirklich megamäßig. Ich wusste, dass ich das Team damit beeindrucken würde.

Aus irgendeinem Grund machte der Umsatz vor dem Event keinen echten Sprung. Ich hatte 5 Jahre daran gearbeitet, Diamond zu werden, und jetzt war die Luft raus. Ich war wahrscheinlich immer noch ein wenig ausgebrannt von den unheimlichen Strapazen im September und Oktober des Vorjahres. Wie auch immer meine Entschuldigung lautet, ich gab im Januar nicht den Ton an. Und schließlich bestimmt die Geschwindigkeit der Führungskraft das Ganze. Scheinbar hatte auch niemand anderer beschlossen, wie ein geölter Blitz einzuschlagen.

Ehe ich mich versah, stand die Traumnacht und das Frühlingstraining vor der Tür. Wo war das Vierteljahr geblieben? Es fühlte sich ganz anders an als im Vorjahr.

1999 arrivierten wir mit viel Dynamik im Frühlingstraining. Ich hatte meine Armee bei vier Meetings pro Woche 90 Tage lang durch die ganze Provinz geführt, als seien sie eine Horde Killer-Ameisen, die das ganze Land kahl fraßen. Das Team gab hunderte Videos pro Woche raus und generierte jede Menge neuer Rekruten und einen Haufen Energie. Wir machten die Traumnacht, und am nächsten Tag defilierten jede Menge Aufsteiger über die Bühne. Diese Dynamik trug uns weitere sechs Monate und machte uns zum Diamond.

Ich stand während der Traumnacht 2000 am Fenster und blickte auf die Lichter der Stadt. Es gab eine Menge Redebeiträge, besondere Gäste, einschließlich des Firmenbesitzers und viel Anerkennung. Wir machten die Übung mit dem versiegelten Umschlag - wie im Vorjahr. Es war eine großartige Party. Aber als ich das Ganze eine Woche später analysierte, versetzten mir die Zahlen einen Schock.

Eine flache Linie. Keine Ausschläge nach oben. Das Budget von $5000 für die Traumnacht 2000 war in vielerlei Hinsicht Geldverschwendung. Es war eine teure Party, mehr nicht. Weshalb? Die Analyse des Vierteljahrs vor der Traumnacht enthüllte einiges. Die meisten Städte veranstalteten ein Business-Briefing im Monat. Ich schraubte meine eigenen Bemühungen auf eine oder zwei Auftritte im Monat runter. Wir machten keine Schnellstartertrainings nach den Meetings. Wir registrierten nicht mehr, wie viele Videos pro Woche in den verschiedenen Städten ausgehändigt worden waren.

Aus diesem Grund baute sich keine Flutwelle auf. Es gab keinen Wettbewerb zwischen den Linien und Städten. Die wichtigste Energie, nämlich die ansteckende Begeisterung neuer Geschäftspartner und der Aufstieg in neue Ränge, war nicht geweckt worden. Das Wachstum verlief linear statt exponentiell. Wir hatten vergessen, die Lunte zu zünden!
Die Aufsteiger wurden automatisch zur Traumnacht eingeladen. Es gab keine Neuqualifizierung und keine Leistungserwartung. Es kamen Gäste, die sich vor Jahren einmal für ihren Rang qualifiziert hatten und das nie wieder machen mussten. Daher schätzten viele das Privileg nicht, dabei sein zu dürfen. Von 100 Teilnehmern riefen mich hinterher nur 9 an, um sich zu bedanken, und nur einer schrieb eine Dankeskarte. Nach nur zwei Traumnächten betrachtete man den Event bereits als selbstverständlich.

Das Vierteljahr nach der Traumnacht und dem Frühlingstraining, das im Vorjahr noch so viel weiter reichende Dynamik entfaltet hatte, zeichnete sich nicht gerade durch Wachstum aus.

Was habe ich aus der Traumnacht 2000 gelernt?

- Man muss sich die Teilnahme an privilegierten Events verdienen, das steigert ihren Wert.
- Vor einem großen Ereignis sollte man einen 90-tägen Anlauf nehmen, damit man abheben kann.
- Man braucht eine kleine, einheitlich handelnde Armee, um eine dynamische Welle zu erzeugen.
- Neues Blut ist das Lebenselixier dieser Branche.
- Verbringe weniger Zeit damit, bei anderen Eindruck zu schinden, sondern führe sie stattdessen an.
- Es geht nicht mehr um mich.
- Neue Geschäftspartner und Beförderungen sorgen für Begeisterung.
- Events zu organisieren, nur damit einer stattfindet, ist reine Zeitverschwendung.
- Planung ist wesentlich.

Notizen

Kapitel 13

Ein Blick in meinen geheimen Ordner

Kapitel 13 – Ein Blick in meinen geheimen Ordner

In diesem Kapitel möchte ich Ihnen Werbebriefe, Anzeigen, Fax-Dokumente und viele weitere Bonbons weiterreichen, die sich allesamt im Geschäft bewährt haben. Ich habe mich bemüht, alles so allgemein wie möglich zu halten. Sie können ruhigen Gewissens alles benutzen, was Ihnen bei Ihren Kampagnen helfen könnte. Achten Sie nur darauf, die Vorschläge Ihren Bedürfnissen anzupassen.

Als Erstes hier nun ein Dokument, das man per Faxabfrage oder Autoresponder anfordern konnte. Ich wies in unterschiedlichen Medien darauf hin, unter anderem in dem Willkommenspaket, das neue Leute von mir bekamen, wenn sie sich meinem Team anschlossen.

Willkommen beim The Do! Team-Training auf Abruf!

Vom Schreibtisch von David Ledoux....

Lieber Freund, liebe Freundin,

ich möchte Sie zuallererst im Team willkommen heißen. Ich beglückwünsche Sie zu der Disziplin und dem Mut, einer guten Ideen tatsächlich nachzugehen! Ich freue mich sehr, dass Sie nun Mitglied unserer Organisation sind. Ich möchte Ihnen versichern, dass ich kein Marketing-Genie bin. Alles, was ich tue, um mein Network-Marketing-Geschäft aufzubauen, habe ich von anderen erfolgreichen Networkern oder in der harten Schule des Lebens gelernt. Zu meinen Zielen gehört es, Ihnen Zeit, Geld, Frustrationen zu ersparen und Ihnen die Kraft zu geben, sich zu vergegenwärtigen, dass auch Sie dieses Geschäft betreiben können und den Erfolg verdient haben.

***Hier ist Idee Nr. 1**: Sie werden mehr an sich selbst arbeiten müssen als an allen anderen Aspekten dieses Geschäfts.* Ist das nicht interessant? Nur aus diesem Grund ist unser Team so riesig. Wir konzentrieren uns darauf, bessere Menschen zu werden. Damit sich die Dinge ändern, müssen Sie sich ändern. Damit es besser wird, müssen Sie besser werden. Es ist harte Arbeit, die richtigen Überzeugungen und Einstellungen, was den Erfolg betrifft, zu entwickeln.

Und Idee Nr. 2: *Erfolgreiche Networker tun schlicht jene „kleinen Dinge", zu denen erfolglose Networker nicht bereit sind.* Sie machen einen Telefonanruf zusätzlich, bevor sie schlafen gehen. Sie machen sorgfältiger Follow-up und bleiben länger am Ball. Sie haben mehr Geduld und sind ausdauernder. Diese zusätzlichen „1 %" machen den Unterschied aus und formen „des Messers Schneide".

Das Pareto-Prinzip in der Praxis

Wenn Sie anfangen, Ihr Network-Marketing-Geschäft aufzubauen, müssen Sie lernen, die Menschen zu erkennen, die sich Ihrem Team anschließen. 50 % davon sind „Dilettanten". Sie sind weder den Produkten gegenüber loyal, noch der Branche oder Ihrer Network-Marketing-Organisation gegenüber. Sie suchen Entschuldigungen, weshalb es nicht klappen wird, bevor sie überhaupt angefangen haben. Verschwenden Sie keine Zeit mit Dilettanten. 40 % der neuen Geschäftspartner sind glühende Anhänger der Produkte. Sie machen es sich zur Mission, die Gesundheit der Welt zu fördern. Wunderbar! Fördern Sie diese Menschen. Ermutigen Sie sie, und helfen Sie ihnen, so gut sie können – und nehmen Sie davon so viele in Ihr Team auf wie möglich. 10 % Ihrer Gruppe sind daran interessiert, selbst ein Geschäft aufzubauen, und von diesen Leuten sind wiederum nur 5 % harte Arbeiter, die die Dinge so schnell wie möglich realisieren wollen. Weitere 15 % sind beharrliche Parttimer, bei denen man sich darauf verlassen kann, dass sie 5 bis 10 Stunden pro Woche am Geschäftsausbau arbeiten. Etwa 80 % der Geschäftspartner, die selbst ein Geschäft aufbauen wollen, werden monatlich etwa 5 bis 10 Stunden dafür investieren. Sie nutzen Ihre Zeit jedoch erst dann optimal, wenn Sie 90 % davon in jene 20 % investieren, die hart arbeiten und beharrliche Parttimer sind.

Achten Sie auf Eignung – Rechtfertigungen sind für die Katz

Bedenken Sie immer, dass der Aufbau einer Downline sowohl auf Training als auch auf Rekrutierung beruht. Die Art und Weise, wie Sie mit potenziellen Geschäftspartnern umgehen, bestimmt, wie diese mit ihren potenziellen Geschäftspartnern umgehen werden, wenn sie sich angeschlossen haben. Überlassen Sie der Technologie den schwierigeren Teil der Arbeit!

Wie man richtig anfängt

Es ist wichtig, dass neue Geschäftspartner richtig anfangen. Es gibt eine Menge Bücher, die einem zeigen können, wie man das optimal macht. Wir gehen dabei so vor: Wir setzen gemeinsam mit den neuen Geschäftspartnern Ziele (die 20 Gründe), erstellen Namenslisten (die Master-Liste) und einen Handlungsplan.

Wir arbeiten gemeinsam mit ihnen drei bis vier Monate in ihrem warmen Markt, und zwar mit dem Ziel, 10 bis 40 Produktliebhaber und 4 bis 6 Partner zu finden, die selbst ein Geschäft aufbauen wollen, bevor wir uns überhaupt um den kalten Markt kümmern.

Ich möchte, dass Neulinge ihre eigene Produktgeschichte entwickeln sowie – nach drei Monaten – ihr eigenes Testimonial, wie sie zum Geschäft kamen und was es für sie bedeutet. Am wichtigsten ist jedoch, dass ich bei allen neuen Geschäftspartnern eine Einstellung fördere, die lautet: „Ich kann es!“, und ich ermutige sie, positive Bücher zu lesen und sich Kassetten anzuhören, mit denen sie sich weiterbilden. Ich rate allen in meiner Gruppe das Buch „*Der Beste Networker der Welt*“ von John Fogg zu lesen, denn ich halte es für das beste Buch, das den Traum des Network-Marketings fördert.

Dauerhafte Unterstützung

Jeder neuer Geschäftspartner im The Do! Team empfängt seit dem 1. November 1997 das Willkommenspaket für den klugen Start. Es spornt die Leute dazu an, unser Voice-Mail- und E-Mail-Netz zu nutzen und zeigt auf, wie man sich persönlich optimal weiterbildet. Das System dauerhafter Unterstützung im The Do! Team wird kontinuierlich weiterentwickelt und erweitert. So fördern wir jeden auf seinem Weg zum Erfolg.

Das Geheimnis

Was ist das Geheimnis einer riesigen Downline? Und kann ich es Ihnen in einem einzigen Absatz mitteilen? Ich bin davon überzeugt, dass der Schlüssel zu immensem Wachstum darin liegt, FÜHRUNGSPERSÖNLICHKEITEN zu finden und auszubilden. Wenn wir unsere Zeit vor allem dafür verwenden, Führungskräfte auszubilden, die sich selbst motivieren und duplizieren, entsteht fast alles andere wie von selbst. Denn Sie geben Ihrem Team eine Identität, eine Philosophie und eine eigene Kultur. 90 % möchten Teil von etwas sein, das größer ist als sie selbst. 10 % erschaffen dieses Etwas. Wie man zur Führungskraft wird? Wie man eine ausbildet? Führungskräfte arbeiten härter an sich selbst als an irgendeinem anderen Aspekt dieses Geschäfts…

Voice-Mail & E-Mail

Mit Ihrem Willkommenspaket erhalten Sie ein Anmeldeformular für das Voice-Mail-Netz. Es ist eine gute Idee, sich daran zu beteiligen. Auf diese Art und Weise bleiben Sie mit dem Herzschlag des Unternehmens verbunden.

Sie erhalten täglich aktuelle Berichte über Meetings, Events, Produkt-Testimonials und Trainingstipps. Außerdem können Sie Ihrer Upline und Downline mit einem einfachen Knopfdruck ein Fax oder eine Voice-Mail schicken.

Wenn Sie Ihre Voice-Mail-Nummer bekommen haben, schicken Sie mir eine Nachricht (David Ledoux: 555-5555, und folgen Sie den Anweisungen). Geben Sie mir dann Ihre Nummer, und ich setze Sie auf meine Liste. Wenn Sie auch eine E-Mail-Box einrichten wollen, tun Sie das umgehend! Besuchen Sie www.xxxxxxxxx.com Einfacher geht's nicht!

Fehler, die fast jeder macht.

- *Der Versuch, eine ungeeignete Person doch noch zu überzeugen.* Achten Sie auf Eignung, Rechtfertigungen sind für die Katz.

- *Geben Sie ihnen Liebe, und lassen Sie sie in Ruh'.* Bedenken Sie: Man kann sich nicht an die Spitze rekrutieren! Jede Minute, die Sie investieren, um einem guten Rekruten beizubringen, wie man alles dupliziert, bekommen Sie in Zukunft 100-fach zurück. Bauen Sie Beziehungen auf!

- *Einen Fehlstart verursachen.* Bedenken Sie: Die ersten 10 Tage formen die nächsten 10 Monate. Bilden Sie die Leute gut aus. Erstellen Sie die Liste mit den 20 Gründen und die Master-Liste. Benutzen Sie dazu das Grüne Blatt. Arbeiten Sie zusammen mit ihnen, bis sie die ersten 10 bis 15 Produktliebhaber gefunden haben. Erstellen Sie einen Handlungsplan von 7 bis 10 Stunden die Woche. Denken Sie an das automatische Versandsystem und die Voice-Mail. Ihr Motto als Sponsor sollte lauten: „Ich trage die Verantwortung."

- *Jemand gibt auf, und Sie sind traurig.* Bedenken Sie: Network-Marketing ist ein Spiel mit Zahlen. Ein Marathon. Ein Wettbewerb in Ausdauer. 50 % geben im ersten Jahr auf. 40 % lieben die Produkte. 10 % machen das Geschäft. 2 % machen 90 % der Arbeit. Halten Sie Ausschau nach Gewinnern, und seien Sie selber einer, dann werden die zukünftigen Gewinner Sie auch finden.

- *Ich bin nach 90 Tagen nicht reich.* Bedenken Sie: Das ging Bill Gates und Arnold Schwarzenegger genauso. Sie werden im 24. Monat mehr verdienen, als Sie in den gesamten ersten 4 bis 6 Monaten verdient haben.

- *Manchmal fühle ich mich mutlos.* Bedenken Sie: Sie müssen hart an sich arbeiten. Lesen Sie jeden Tag 30 Minuten lang. Hören Sie jeden Tag eine gute Kassette. Führen Sie ein Tagebuch über Ihre Fortschritte und Ihr Wachstum im Network-Marketing.

Ich kenne keine 200 Leute. Bedenken Sie: Der durchschnittliche 20-Jährige kennt 500 Menschen mit Namen. Die Master-Liste wird die Quelle Ihrer ersten 10 bis 40 Kundenfreunde sein und auch Ihrer ersten 2 bis 4 Partner, die ein richtiges Geschäft aufbauen wollen. Schreiben Sie jeden auf, und vergessen Sie Ihr Urteil über den Betreffenden.

Weshalb Werkzeuge?

Werkzeuge, oho! Seit das Rad etwa 5000 v. Chr. erfunden wurde, lebt unsere Kultur von Werkzeugen. Erinnern Sie sich noch, wie man den Verlauf stoppt? Verbessern Sie Ihre Networker! Werkzeuge helfen uns dabei. Es gibt Werkzeuge für die Rekrutierung, für Trainings, zum Auf- und Ausbau, für Wachstum und für Verbesserungen. Schauen Sie sich doch mal die Spitzenleute im Network-Marketing an. Sie promoten die Nutzung von Werkzeugen in ihren Organisationen, und zwar nicht zu knapp. Sie sind wahre Adepten der persönlichen Weiterbildung. Sie lesen mehr Bücher und hören sich mehr Kassetten an als die Massen, die wünschten, sie wären reich.

Ich habe diesem Paket ein paar Seiten mit einer Liste von Werkzeugen hinzugefügt, die ich exklusiv für meine Organisation entwickelt habe. Sie sind ein hervorragender Anfangspunkt für die persönliche Weiterbildung und die Ihrer Downline. Ich möchte Sie dazu ermutigen, sich am Bankett des Wissens gütlich zu tun! Sie finden außerdem einen Willkommensbrief, unser 20-Gründe-Formular und das Grüne Blatt. BITTE SORGEN SIE DAFÜR, KOPIEN DES GRÜNEN BLATTES NUR AUF GRÜNEM PAPIER ZU MACHEN!!!! Das Grüne Blatt sind unsere Empfehlungen für das erste Jahr, mit denen unsere neuen Geschäftspartner an den vier Schlüsselbereichen ihrer Glaubenssysteme arbeiten können.

Der € 800-im-Monat-Plan

Ziele – ich kann ohne sie nicht leben! Wie der große Yogi Berra einmal sagte: „Wer nicht weiß, wohin er geht, landet vielleicht ganz woanders." Wie wahr! Ich arbeite daran, dass meine Geschäftspartner schnell Gewinne erzielen. Wenn Sie den € 800-Plan durchführen, haben Sie die finanziellen Ressourcen, mit denen Sie Erweiterung und Promotion finanzieren können – und noch ein wenig mehr, das Sie für Dinge ausgeben können, die Ihnen Spaß machen.

Erstellen Sie ein Formular als Orientierungshilfe. Zeichnen Sie ein Viereck darauf, das für Sie steht. Verbinden Sie es mit vier Linien und vier Vierecken für Ihre Firstline. Zeichnen Sie anschließend vier weitere Linien an jedes dieser Vierecke. Gesamtanzahl Vierecke: Sie + 4 Firstlines + 16 Ebenen 2. Die Vierecke sind nur für Leute reserviert, die es „ernst meinen" und sich entsprechend engagieren: drei Business-Centers, € 200 automatischer Versand, Voice-Mail und Lifemasters. (Benutzen Sie einen Bleistift. Erwarten Sie das Unerwartete…)

Man braucht keine Armee, um eine profitable Organisation aufzubauen, oder? Wenn Sie erst einmal wissen, wer es wirklich ernst meint – Sie erkennen es am Engagement und durch sein Handeln – dann konzentrieren Sie sich darauf, Reichtumsdenken zu duplizieren.

Power-Idee 1: Mal angenommen, dass Sie vier bis sechs Monate brauchen, dieses Formular mit Leben zu erfüllen, dann rechnen Sie mal durch, was eine weitere Ebene der Duplizierung Ihnen finanziell bringen würde. Wenn also Ihre 16 Leute der Ebene 2 je weitere vier gefunden haben, denen es ernst ist mit diesem Geschäft. Wäre es der Mühe wert, 18 bis 24 Monate daran zu arbeiten?

Super-Power-Idee 2: Was würde mit Ihrer Organisation geschehen, wenn alle 20 wirklich engagierten Geschäftspartner sich darauf konzentrieren würden, in ihrem warmen Markt 10 bis 40 Kundenfreunde zu finden, die monatlich für € 50 bis € 100 Produkte kaufen?

Einspruch 1: Es ist schwer, durch Freunde und Familie reich zu werden.
Einspruch 2: Es ist schwer, ohne Freunde und Familie reich zu werden.

Bedenken Sie: 90 % der Menschen in Ihrer Organisation sind lediglich Produktnutzer. Bringen Sie Ihrem Team unbedingt bei, wie wichtig es ist, treue Kundenfreunde zu entwickeln! Damit sorgen Sie für einen stabilen Umsatz und ein langfristiges arbeitsfreies Einkommen.

Mit wie vielen Menschen werden Sie diese Woche sprechen? ________________
Wie viel Geld werden Sie im ersten Monat verdienen? ________________
Wie häufig werden Sie im ersten Monat ein „Nein" hören? ________________
Mit welchen Befürchtungen und Hindernissen werden Sie konfrontiert? ________________
Wie viele Stunden wöchentlich werden Sie Network-Marketing betreiben? ________________
Was könnte Sie dazu bewegen aufzugeben? ________________
Was werden Sie mit Ihrem ersten wöchentlichen
Provisionsscheck von € 1000 machen? ________________
Welche wohltätigen Zwecke möchten Sie unterstützen? ________________
Wohin würden Sie beim Aufbau Ihres Geschäfts gerne reisen? ________________
Wo werden Sie Ihrer Meinung nach in drei Jahren stehen? ________________
(Ende des Briefes)

Beobachtungen
Ich habe dieses Trainingsdokument auch bei der erweiterten Rekrutierung genutzt. Wenn Leute sich von meiner Marketingzentrale angezogen fühlten, hielten sie instinktiv nach einer Art Training Ausschau. Im Laufe der 90er haben viele tausende Networker Niederlagen erlitten, weil ihre Firma pleite machte oder sie eine Upline hatten, die ihnen keine Unterstützung bot. Ich habe immer besonders darauf geachtet, dass jeder, der sich meine Firma, Produkte und Provisionspläne ansah, auch merkte, wie sehr wir unsere Leute unterstützen.

Zeit für ein Quiz!

Was bietet Ihr Team neuen Geschäftspartnern an Training und Unterstützung?

1.

2.

3.

Wie können Sie diese Werkzeuge oder Systeme so herausstellen, dass diese ein potenzielles Bedürfnis potenzieller Geschäftspartner befriedigen?

Wie können Sie Ihrer derzeitigen Downline beibringen, Ihre Trainingsmethoden weiterzugeben?

Beispiel Nr. 1 – Reichweite und Frequenz bei Versandaktionen per Post

In der Folge finden Sie fünf Briefe, die ich beim Kontakten fürs Follow-up verwendet habe. Die ersten drei Briefe waren für potenzielle Geschäftspartner gedacht, die sich aufgrund einer Anzeige gemeldet hatten. Der 4. Brief war Bestandteil des Informationspakets, das wir potenziellen Geschäftspartnern zuschickten. Der 5. Brief war als „Hammer“ gedacht, und zwar, um schwache Kontakte auszusieben und die starken und hungrigen Kandidaten weiter zu motivieren.

Viele Menschen machen den Fehler, die Frequenz der Reichweite zu opfern. Ich habe entdeckt, dass es weitaus effektiver ist, 200 Leuten fünf Briefe hintereinander zuzuschicken, als einen Brief an 1000 Leute. Das gleiche Budget, unterschiedliche Ergebnisse.

Man kann das gleiche Konzept im Internet verwenden. Sequenzielle Autoresponder leisten eine bessere Arbeit als fünf Sekretärinnen, und es kostet Sie kein Porto. Sie finden im Internet oder bei Ihrem Provider mehrere Angebote zu diesem Thema.

Sehen Sie sich die Briefe genau an. Es sind viele psychologische Reizworte enthalten, die man häufig bei solchen Briefen verwendet. Sie können eine Menge davon lernen. Ich hoffe, es macht Ihnen Spaß.

* * * *

(Brief 1)

David & Falia Ledoux
Box XXX Hillsburg ON Canada
N0B 1Z0
27. März 2002

Sehr geehrte(r) (Name),

vor kurzem entdeckten meine Frau und ich eine hervorragende Möglichkeit, ein zusätzliches und auf Dauer arbeitsfreies Einkommen zu erzielen. Ich weiß, das klingt, als sei es zu schön, um wahr zu sein! Wir waren, ehrlich gesagt, anfangs auch ein wenig skeptisch, aber als wir uns näher damit befassten, waren wir beeindruckt. Und je genauer wir hinsahen, desto aufregender war es. Es ist vollkommen legal, und man braucht nicht viel Zeit und Geld. Wir beschlossen also, dieses Projekt anzugehen und sind froh, das getan zu haben.
Wir sind begeistert, Ihnen von dieser Chance berichten zu dürfen. Ich würde Ihnen gerne mehr erzählen, habe mich aber nicht recht getraut, Sie anzurufen. Daher schicke ich Ihnen jetzt diesen Brief. Ich möchte Sie nicht um Ihre kostbare Zeit bitten, *es sei denn, Sie wollen sich noch dieses Jahr ganz aktiv um ein problemloses, zusätzliches Einkommen kümmern.*
Unser Partner in dieser Angelegenheit ist ein sehr erfolgreicher Unternehmer mit einer beeindruckenden Leistungsbilanz. Er hat schon sehr vielen Menschen zu finanzieller Unabhängigkeit verholfen. Wenn Sie gerne wissen möchten, wie Sie einen Teil Ihrer Freizeit dazu nutzen können, um Ihr Verdienstpotenzial zu steigern, würden meine Partnerin und ich Ihnen das gerne zeigen. Da wir jedoch nur begrenzt Zeit zur Verfügung haben, können wir nur wenige Menschen gleichzeitig unterstützen und fördern. Daher möchten wir nicht mit Menschen zusammenarbeiten, denen es nicht wirklich ernst damit ist, ihre finanzielle Zukunft zu verbessern.

Wenn das Timing für Sie stimmt und Sie gern in die nähere Auswahl kämen, rufen Sie uns doch an, und wir werden Sie gern weiter informieren. Unsere kostenlose Telefonnummer verbindet Sie mit einem Anrufdienst. Rufen Sie die Nummer 0800 – 555 – 5555 an, und geben Sie nach der entsprechenden Rückmeldung die Nummer 73060 ein. Hören Sie sich die Nachricht genau an, und hinterlassen Sie anschließend Namen, Telefonnummer und Adresse, an die wir unser Orientierungspaket schicken sollen.
Mit freundlichen Grüßen,

David Ledoux
PS: Was haben Sie zu verlieren? Dies könnte die Chance sein, nach der Sie gesucht haben. Sie werden sich ärgern, wenn Sie sie sausen lassen.

* * * *

(Brief 2)

David Ledoux
Box XXX Hillsburg ON
Canada N0B 1Z0
6. April 2002

Sehr geehrte(r) (Name),

ich hoffe, Sie haben meinen letzten Brief erhalten. Ich habe noch nichts von Ihnen gehört und wollte Sie daher kurz kontaktieren. Sie erinnern sich sicherlich, dass ich vor kurzem über eine erstaunliche Möglichkeit gestolpert bin, wie man ein zusätzliches Einkommen erzielen kann. Ich war erst skeptisch, aber als ich das Ganze näher untersucht hatte, war ich beeindruckt. Je genauer ich es mir ansah, desto mehr wurde meine Begeisterung geweckt.

Ich würde Ihnen gern mehr erzählen, aber ich will Ihnen nicht Ihre kostbare Zeit stehlen – es sei denn, Sie sind wirklich ernsthaft und noch dieses Jahr an einer zusätzlichen Einkommensmöglichkeit interessiert. Das klingt vielleicht ein wenig weit hergeholt, aber ich bin fest davon überzeugt, dass Sie und ich nächstes Jahr um die gleiche Zeit auf dem besten Wege zu finanzieller Sicherheit sein können.

Mein Geschäftspartner in dieser Angelegenheit hat eine beeindruckende Erfolgsgeschichte vorzuweisen. Er hat schon vielen Menschen zu finanzieller Unabhängigkeit verholfen. Er arbeitet derzeit direkt und persönlich mit mir. Ich habe ihn davon überzeugen können, dieses Projekt mit einer weiteren Person durchzuführen. Allerdings hat er kein Interesse daran, mit Menschen zu arbeiten, denen es nicht wirklich ernst ist.

Also bat er mich, diesen Brief an erfolgsorientierte Menschen zu schicken. Er würde gern persönlich mit den ein oder zwei Personen reden, die das meiste Interesse an dieser Chance zeigen. Gemeinsam könnten wir in 30 oder weniger Tagen bereits etwas dazuverdienen. Aber unser Ziel ist es, in 12 bis 18 Monaten € 100.000 im Jahr zu verdienen.

Falls wir Sie berücksichtigen sollen, hinterlassen Sie mir jetzt gleich eine Nachricht unter der Nummer 0800 – 555 – 5555 Anschluss 73060, und ich schicke Ihnen sofort das Orientierungspaket. Dann werden wir ein Telefongespräch vereinbaren. Es dürfte nicht länger als eine Viertelstunde dauern.

Mit freundlichen Grüßen,

David Ledoux
PS: Sie werden sich ärgern, wenn Sie diese Chance sausen lassen.

* * * *

(Brief 3)

David Ledoux
Präsident The Do! Team Inc.
Box XXX Hillsburg ON
Canada N0B 1Z0
23. April 2002

Sehr geehrte(r) (Name),

da ich immer noch nichts von Ihnen gehört habe, wollte ich Ihnen ein paar letzte Zeilen senden. Sie sind wahrscheinlich sehr beschäftigt. Das ist jammerschade. Ich hätte wirklich gern Geld zusammen mit Ihnen verdient und dabei anderen Menschen geholfen. Aber wahrscheinlich war dieses Angebot sowieso nichts für Sie.

Die letzten 30 Tage hatte ich mehr Spaß, als ich je zuvor in einem Monat erlebt habe. Ich kann mein Glück noch immer nicht fassen, dass ich diese Möglichkeit entdeckt habe. Aber es ist ja auch wirklich erstaunlich, mit einigen der größten Millionär-Macher der Welt zusammenarbeiten zu können. Wie mein Leben wohl in einem Jahr aussehen wird? Hmmm…

Ich werde Ihre Zeit nicht mehr beanspruchen, wenn Sie derzeit nicht auf der Suche nach einem zusätzlichen Einkommen sind. Darum habe ich eine kurze Nachricht mit grundlegenden Informationen auf meiner rund um die Uhr geschalteten Rufnummer hinterlassen. Wenn Sie anschließend immer noch interessiert sind, hinterlassen Sie mir einfach Namen, Telefonnummer und Adresse, an die ich ein kleines Geschenk senden kann: ein sehr wertvolles Audioprogramm darüber, wie man reich werden kann. Ich hoffe, es gefällt Ihnen.
Die Nummer lautet: 0800 – 555 – 5555 Anschluss 73060.
Vielen Dank im Voraus. Wenn sich die Dinge in Ihrem Leben ändern, lassen Sie es mich wissen.

Mit freundlichen Grüßen,

David Ledoux
PS: Ich durfte dies nur ein paar wenigen Leuten mitteilen. Deshalb habe ich an Sie gedacht.

* * * *

(Im Infopaket enthaltener Brief)

David Ledoux
Präsident The Do! Team Inc.
Box XXX Hillsburg ON
Canada N0B 1Z0
6. April 2002

Sehr geehrte(r) (Name),

hier ist die Information, um die Sie mich gebeten haben. Sie wird Ihnen erläutern, wie Sie so bald wie möglich ein Einkommen von € 5000,-- bis € 10.000,-- monatlich erzielen können. Wir nennen es das „Mehrfache-Einkommensströme-Projekt". Dieses System funktioniert bereits in diesem Moment bei tausenden Menschen sehr erfolgreich. Jetzt sind Sie an der Reihe.

Meine Partner und ich werden ganz persönlich gemeinsam mit Ihnen daran arbeiten, diesen finanziellen Erfolg zu erzielen. Da wir aber nur über begrenzte Zeit verfügen, können wir diese Unterstützung nur einigen wenigen Menschen gleichzeitig gewähren. Daher wollen wir nur mit Menschen arbeiten, die ein gesteigertes Interesse daran haben.

Bitte hören Sie sich die im Paket enthaltene Audiokassette an, besuchen Sie die Webseite, lesen Sie die Faxe, und rufen Sie mich dann unter der Nummer 0800 – 555 – 5555 an, und ich werde gerne alle weiteren Fragen beantworten. Zögern Sie jedoch nicht. Diese Kassette wurde heute an diverse andere Personen verschickt. Eine schnelle Antwort bringt Ihnen große Vorteile.
Sobald Sie davon überzeugt sind, dass dies das Richtige für Sie ist, fangen wir an.
Ihr Freund,

David Ledoux

* * * *

(Follow-up-Brief)

20. April 2002

Lieber Paul,

ich bin erstaunt.
Vor etwa einer Woche hast du mich um Information darüber gebeten, wie du dieses Jahr noch ein zusätzliches Einkommen erzielen kannst.
Ich habe dir die Information geschickt, die von meinem Partner, einem der größten Finanzberater im deutschsprachigen Raum, zusammengestellt wurde. Seine Bücher und Seminare haben tausenden Menschen den Weg in die finanzielle Unabhängigkeit gewiesen.

Diese effektive Audiokassette hat dir vermittelt, welches lukrative Geschäft wir vor kurzem entdeckt haben. Er hat dir außerdem die einmalige Chance geboten, sich seinem *Mehrfache-Einkommensströme-Team* anzuschließen.

Ich habe immer noch nichts von dir gehört und bin verblüfft.

Verdienst du zu viel Geld mit anderen Dingen? Willst du noch dieses Jahr dein Einkommen verdoppeln oder verdreifachen? Ja?

Nun denn, dann sollten wir loslegen. Nächstes Jahr zu diesem Zeitpunkt könntest du auf dem besten Wege in die FREIHEIT sein! Wäre das kein wundervolles Gefühl?!

Ich schlage dir Folgendes vor: Such die Kassette, und höre sie dir noch mal an. Sie enthält effektive Informationen, die dein Leben verändern können.
Ruf mich anschließend so schnell wie möglich unter der Nummer 0800 – 555 – 5555 an.

Ich werde dir erklären, wie du sofort damit anfangen kannst, mehrfache Einkommensströme zu erzeugen. Rufe mich jetzt an, und ich schicke dir GRATIS unser neustes Video zu, das dir zeigt, wie man optimal Geld verdienen kann und alle anderen Informationen, die du noch für eine wohlüberlegte Entscheidung brauchst.
Erfolgreich dein Freund,

David Ledoux
PS: Eine erfolgsorientierte Person ließe sich solch eine Chance unter keinen Umständen entgehen. Wenn ich jedoch in 72 Stunden nichts von dir gehört habe, gehe ich davon aus, dass du deine Chance lieber jemand anderem überlassen möchtest.

Beispiel Nr. 2: Teamtraining

Im Juli 1997 verstauchte ich mir die Achillessehne. Beim Volleyballspiel auf einer Grillparty einer meiner Führungskräfte. Ich lief 5 Monate auf Krücken, weil mein Bein bis zur Hüfte eingegipst war. Ich passte mit meinem Bein nicht mehr in den Vordersitz meines Jaguars und konnte fünf Monate lang nicht mehr fahren!

Damals war ein 6-wöchiger Action-Kurs vom großartigen, inzwischen verschiedenen John Kalench in Mode Ein Training, das man bei sich zu Hause durchführen konnte. Also führte ich mit 10 Neulingen eins bei mir zu Hause durch, wo wir uns einmal die Woche zu massiver Handlungsplanung trafen. Ich beschloss, im kommenden Frühling ein größeres mit 45 Leuten durchzuführen.

Wir erstellten ein paar Formulare, mit denen wir die Fortschritte einer solch großen Gruppe im Griff behalten konnten. Überall in meinem Hobbyraum hingen große Poster, wo jeder in diesen zwei Monaten seine Produktionszahlen eintrug. Wir verteilten den Kurs in kleinere Gruppen, die sich gegenseitig unterstützten und einen freundlichen Wettbewerb durchführten. Die Teilnehmer konnten sich Bücher, Videos und Kassetten aus meiner Bibliothek ausleihen. Jeder, der zu spät kam oder vergaß, ein Werkzeug aus meiner Bibliothek wieder mitzubringen, zahlte eine Strafe von $5. Einige sehr wichtige soziale Elemente, die in manchen meiner Linien fehlten, traten wieder zu Tage. Es machte mir Spaß, mit so vielen hervorragenden Leuten zu arbeiten.

Wir feierten das Ende des Kurses mit einem riesigen Barbecue. Der gesamte Prozess war sehr interessant. Ich begann die Dynamik zu verstehen, weshalb manche Leute beim Network-Marketing so erfolgreich sind und andere so sehr damit zu kämpfen haben. Da wir uns als Gruppe stark auf die Grundlagen des Geschäfts konzentrierten, erzeugten wir als Team über 1500 Kontakte, sponserten über 100 Neulinge und schufen Wachstum, das noch heute wirkt.

Vielleicht können Sie einige dieser Ideen in Ihrer lokalen Gruppe nutzen und auch bei der Unterstützung von Mitgliedern Ihres Teams, die weiter entfernt wohnen.

Notizen

6-wöchiger Kurs – Orientierung

Name: ____________________
Datum: ____________________
Stadt: ____________________
Postleitzahl: ____________________
ID-Nr.: ____________________
Voice-Mail: ____________________
E-Mail (falls vorhanden): ____________________
Derzeitige automatische Liefernummer: ____________________
Derzeitiger Rang: ____________________

****

Teamname: ____________________
Teamleiter: ____________________
Teamleiter Telefonnummer: ____________________
Voice-Mail: ____________________

Name des Buddys:

Telefonnummer:

Meine 3 größten Ängste die nächsten 6 Wochen betreffend:

1. ____________________

2. ____________________

3. ____________________

Meine 3 größten Ziele, was die nächsten 6 Wochen betrifft:

1. ____________________

2. ____________________

3. ____________________

Die 3 größten Hindernisse, vor denen ich stehe:

1.____

2.____

3.____

Bis zum 2. Treffen am Donnerstag, den TT. MM, erledigen:

1) Drei Mal Kontakt zu meinem Buddy aufnehmen, Konferenzschaltung für drei Personen und Unterstützung.
2) Zielpunktezahl und Integritätspunktezahl für den Teamleiter.

3) Konferenzschaltung des Teams > Datum________ Uhrzeit___________

4) Liste der 100 wichtigsten potenziellen Geschäftspartner zum 2. Treffen mitbringen.

5) Komplette Auswertung der ersten Woche mitbringen.

6) Alle geborgten Werkzeuge aus der Bibliothek wieder mitbringen.

7) Die gesamte Schreibarbeit der automatischen Lieferung und Voice-Mail vervollständigen.

8) Koordiniere das Training und die Rekrutierungswerkzeuge mit dem Teamleiter.

9) 888 Visitenkarten abholen.

Leistungsformular

Name: Team:

Telefon: Voice-Mail:

Diese Woche:

Anzahl der verschickten Briefe: _________________

Anzahl der Kontakte per Voice-Mail:_____________

Anzahl der verschickten CDs:___________________

Anzahl der ausgehändigten Visitenkarten:_________

Anzahl der Präsentationen:_____________________

Anzahl der Gäste am Super-Samstag, TT. MM.:______

Anzahl der Gäste im Monats-Briefing:_______________

Anzahl der 3-Wege-Konferenzschaltungen:________

Anzahl der neuen Geschäftspartner, die bei mir unterschrieben haben:_______________________

Beispiel Nr. 3: Schlagzeilen testen und zugleich Kontakte knüpfen

Im Februar 1998 hatten meine Frau und ich die Chance, gemeinsam mit unserer Firma diese in Australien zu lancieren. Dieser Monat gehört zu den Höhepunkten unseres Lebens. Es war wirklich spektakulär!

Ich hatte seit einiger Zeit damit experimentiert, über einen Fragebogen Kontakt zu Menschen herzustellen. Von „Big Al" lernte ich, Fragebögen zu nutzen, um die Anziehungskraft von Schlagzeilen zu testen. Anhand meiner Erfahrungen schrieb ich einen 5-seitigen Leitfaden für mein Team darüber, wie man Fragebögen auf diese Weise nutzen kann.

Hier der Leitfaden:

WIE MAN MITHILFE VON FRAGEBÖGEN KONTAKTE ZU EINER RIESIGEN ANZAHL GEEIGNETER, POTENZIELLER GESCHÄFTSPARTNER KNÜPFEN KANN!

Stellen Sie sich vor, wie drei oder vier Ihrer Führungskräfte und Sie sich in irgendeinem Geschäftsviertel oder Einkaufszentrum einer willkürlichen Stadt verteilen. Sie sind alle zwanglos, aber gut gekleidet und tragen ein offiziell aussehendes Klemmbrett.

Sie nähern sich einer gut gekleideten Dame unter den Passanten; sie ist offensichtlich ein Profi: „Entschuldigen Sie bitte. Wir führen eine Befragung für den Prodigy Verlag durch. Hätten Sie 45 Sekunden Zeit? Sie erhalten auch ein kleines Geschenk für Ihre Mühe!"

Sie betrachtet Sie einen Moment lang kritisch, lächelt dann und sagt: „Warum nicht?!"

„Die Firma, für die ich diese Befragung durchführe, möchte Näheres über das unternehmerische Klima dieser Stadt erfahren. Wie würden Sie mit drei oder weniger Worten Ihren derzeitigen Job beschreiben?"

Sie schreiben die Antworten auf und stellen drei weitere Fragen, und zwar danach, wie zufrieden sie mit ihrem derzeitigen Job ist, wie sie ihren Unternehmergeist einschätzen würde und ob sie den Wunsch hat, eine eigene Firma zu gründen. Dass die Frau sagt, sie hasse ihre derzeitige Arbeit und sei verzweifelt nach etwas Anderem auf der Suche, gefällt Ihnen.

„Der Verlag, für den ich diese Befragung durchführe, will außerdem die Schlagzeilen testen, die er in seinen Berichten für Unternehmer benutzt. Welche Schlagzeile gefällt Ihnen am besten?"

Sie drehen das Klemmbrett um und zeigen ihr die fünf Schlagzeilen. Sie lächelt und wählt eine aus.
„Vielen Dank, dass Sie sich die Zeit für diese Befragung genommen haben. Als Zeichen unserer Wertschätzung bieten wir den Teilnehmern ein besonderes Geschenk. Robert G. Allen hat 2 New York Times Bestseller geschrieben, unter anderem *Nothing Down* und *Creating Wealth*. Sein neustes Werk heißt *Wie man sich mehrere Einkommensströme sichert*. Wir würden Ihnen gern ein Geschenkexemplar zuschicken, entweder als Büchlein, auf Audiokassette oder auf CD. Was hätten Sie lieber?"

Sie gibt Ihnen ihre Adresse, und Sie danken ihr nochmals für ihre Zeit. Zum Abschied geben Sie ihr Ihre Visitenkarte und sagen: „Auf Wiedersehen!" Sie steckt Ihre Karte in die Jackentasche und eilt weiter, weil sie bereits spät dran ist.

Als sie abends nach Hause kommt, müde von dem vielen Stress, findet sie Ihre Visitenkarte wieder. Verdutzt zieht sie sie hervor und schaut drauf.
Sie lächelt, greift zum Telefonhörer…

Was bewirkt dieser Fragebogen?

Zunächst einmal verlassen Ihr Team und Sie die Bequemlichkeitszone, und zwar richtig! Aber diese Übung macht eigentlich überhaupt keinen Stress. Ein Klemmbrett signalisiert Autorität; besorgen Sie sich also das größte und chicste, das Sie finden können!

Zweitens erlaubt diese Befragung Ihnen, Ihre Schlagzeilen zu testen. Setzen Sie sich mit Ihren Führungskräften hin, und produzieren sie fünf hervorragende Schlagzeilen. Versuchen Sie mindestens 100 Leute dazu zu bringen, die Schlagzeilen zu bewerten. Sie werden zu Ihrem Erstaunen entdecken, dass eine Schlagzeile mindestens doppelt so gut wie alle anderen bewertet werden wird. Die Prozentzahlen werden Sie verblüffen!

Was würde geschehen, wenn Sie diese Schlagzeile statt der anderen nutzen? Doppelt so viele Leute werden darauf reagieren! Ich habe $5000 auf Anzeigen ohne Anziehungskraft verschwendet, bis ich die Macht des Schlagzeilentests entdeckte.

Und drittens bekommen Sie dank dieser Befragung Kontakt zu ausgezeichneten potenziellen Geschäftspartnern, die Ihnen obendrein genau sagen, auf welche Knöpfe Sie drücken müssen und Sie buchstäblich um eine Chance anflehen! So hat jemand an einem Nachmittag in Toronto 100 Fragebögen mit Passanten ausgefüllt. Davon ordneten sich 18 Personen auf die Frage hin, wie gerne sie sich selbstständig machen wollen, auf einer Skala von 1 bis 10 bei 8 oder höher ein und gaben ihre Postadresse für das Gratis-Kassette an. Der Betreffende hat wohl drei von diesen 18 Personen gesponsert, und weitere vier bis fünf zeigten sich ernsthaft interessiert. Gesamtkosten: € 3 für Fotokopien, € 50 für Audios und ein bisschen Schweiß; weit geringer als die Kosten einer Anzeige in einer größeren Zeitung.

TESTEN SIE DEN FRAGEBOGEN MIT IHREM TEAM! Auf diese Weise können Sie neue Städte, neue Länder und hunderte neue potenzielle Geschäftspartner gewinnen.

Prodigy Verlag Fragebogen

1. Wie würden Sie mit drei oder weniger Worten Ihren derzeitigen Job beschreiben?
2. Wo würden Sie Ihre derzeitige Arbeitszufriedenheit auf einer Skala von 1 bis 10 einordnen?
3. Wo würden Sie Ihren Unternehmergeist auf einer Skala von 1 bis 10 einordnen?
4. Wo würden Sie Ihren Wunsch auf einer Skala von 1 bis 10 einordnen, in den nächsten 12 Monaten bei sich zu Hause eine Firma zu gründen oder sich selbstständig zu machen?

Wählen Sie aus den folgenden Titeln denjenigen, der Ihnen für einen Bericht für Unternehmer am besten gefällt:

1.___ Das Geheimnis eines arbeitsfreien Einkommens.

2.___ Wie man bei sich zu Hause eine Firma gründet, ohne die derzeitige Arbeitsstelle aufzugeben.

3.___ Wie man seine monatliche Rente verdoppelt.

4.___ Das Geheimnis reicher Leute: Wie man pro Woche 2000 Arbeitsstunden realisiert.

5.___ Wie man den Chef feuert, bevor er Sie feuert!

KOSTENLOSES Geschenkangebot

Robert G. Allen hat zwei New York Times Bestseller geschrieben, unter anderem *Nothing Down* und *Creating Wealth*. Sein neustes Werk heißt *Wie man sich mehrere Einkommensströme sichert. Für Ihre Teilnahme an unserer Befragung würden wir Ihnen gern ein Geschenkexemplar zuschicken, entweder als Büchlein, auf Audiokassette oder CD.*

Welche Version möchten Sie? ____________

Name:______________________________

Postadresse: _________________________

Postleitzahl: _________________________

Telefon: ____________________________

Beispiel Nr.4: Der Flex-Net-Verkaufsbrief - das Original

Ich habe diesen Brief im Herbst 1997 geschrieben. Ich hatte eine Beinverletzung und konnte das Haus nicht verlassen. Ich habe diesen Verkaufsbrief erst per Post, dann als Fax auf Abruf und schließlich als Webseite verbreitet. Er führte unmittelbar dazu, dass ich im nachfolgenden Jahr fast 50 Personen gesponsert habe.

Die erste Seite war das Anschreiben, mit dem ich das Konzept in meiner Downline duplizierte. *Anmerkung: Einige der Fax-Abfrage- und Telefonnummern sind noch geschaltet, andere nicht. Ich habe versucht, alle Verweise an meine ursprüngliche Firma zu entfernen.*

Bitte klauen Sie diesen Brief nicht, er steht unter Copyright. Lernen Sie vielmehr etwas aus der Gestaltung und Bildhaftigkeit der Worte. Ein erwiesenermaßen gutes Beispiel.

(Anfang)

Wie schreibe ich fantastische Werbe-/Anzeigentexte?

Das ist harte Arbeit. Viele Leute bieten Texte per Fax-Abfrage an, aber nur selten sind diese Texte wirklich gut. Mir ist klar, dass mein Team duplizierbare Texte braucht. Sie verstehen, wie wichtig das ist, oder? Weshalb funktioniert es bei der USS so gut? Weil jeder Kritik und skeptische Bemerkungen an eine mythische Upline-Figur weiterleitet, an Bob Allen. Wir nutzen seine Glaubwürdigkeit, um unsere Arbeit zu erleichtern. Ich mache das Gleiche für Sie.

Auf den folgenden Seiten finden Sie den Wortlaut des Textes, den einige meiner Führungskräfte und ich verwenden. Sie müssen lediglich eine gute Kopie des „Schließen Sie Ihre Augen"-Berichtes machen und IHREN Namen und IHRE Telefonnummer auf Seite 4 einsetzen. Laden Sie das Ganze dann auf Ihre Fax-Abfrage hoch, und promoten Sie diese Nummer überall. Das war's schon!

Der „Schließen Sie Ihre Augen"-Bericht ist ein in sich geschlossenes System. All Ihre Fax-Abfragenummern und Hotlines haben keine anderen Ausgänge, die einzige Telefonnummer verweist auf Sie. Sie brauchen keine anderen Firmen oder Produkte oder Trainingstexte. Nur diesen. Wunderbar, oder? Wenn Sie nicht verstehen, wie es funktioniert, DANN LERNEN SIE ES, INDEM SIE ES TUN. Tun Sie so, als seien Sie der potenzielle Geschäftspartner, und folgen Sie dem SYSTEM.

Heben Sie die saubere Kopie des Berichts für Ihre Führungskräfte auf, und helfen Sie ihnen, mit ihrer Fax-Abfrage zu beginnen. Setzen Sie die Nummer auf Ihre Webseite, Ihre Visitenkarte, Ihre Briefbögen, überall drauf.

Wenn Sie einen 5-seitigen Bericht darüber erhalten wollen, wie man Reichtum aufbaut, dann rufen Sie mein Fax-Abfragegerät unter der Nummer 403-555-5555 Dokumentnummer XXX an.

Bitte bedenken Sie, dass manche das Fax abfragen und es Wochen lang herumliegen lassen, bevor sie Sie anrufen. Es ist ein wirklich erstaunliches Werkzeug, wenn man es richtig verwendet.

Schließen Sie Ihre Augen, und stellen Sie sich die Ersparnisse Ihres Lebens vor...

BEENDEN SIE DEN ALBTRAUM! Öffnen Sie die Augen für die Wahrheiten des Network-Marketings! Wachen Sie auf, und erkennen Sie das System, das Ihnen wirklich Geld bringt! Echte Freiheit! Und eine Menge Spaß!

Network Marketing News – November 1995
„Wir sind beeindruckt von David Ledouxs Haltung, der davon überzeugt ist, dass man den Leuten alle Information geben sollte. Die Angaben zum Brutto-Umsatz, die Gesamtzahl der Geschäftspartner und derer, die tatsächlich einen Provisionsscheck erhalten, enthüllen die ganze Wahrheit.

26-Jähriger startet Downline von über 10.000 Personen, gewinnt den Jackpot. Die GUTE NACHRICHT – er bringt Ihnen bei, wie Sie es sogar noch besser machen können!

Vom Schreibtisch von David Ledoux...

Lieber Freund,

alle fragen mich immer, ob es schwierig war, meine riesige Downline aufzubauen. Ich grinse dann und sage: „Ja!" Manchmal war es so frustrierend wie der Versuch, Zahnpaste wieder in die Tube zu quetschen. Sogar als ich bereits angefangen hatte, das große Geld zu verdienen, war es noch schwierig.

Dann hatte ich ein Aha-Erlebnis!

Mir wurde klar, dass es immer schwierig sein würde! Sie müssen verstehen, dass ich, obwohl ich bereits riesigen Erfolg hatte, nicht wusste, wie ich es mir leichter machen konnte! (*Greifen Sie sich einen Filzschreiber, und unterstreichen Sie, was folgt, denn es ist wirklich wichtig.*) Ich habe alles falsch gemacht... ich jagte hinter Freunden her... setzte Menschen unter Druck... schickte Massenpost... faxte an alle und jeden... verschickte tausende Kassetten... aufpolierte Flyer... Karte nach Karte... mietete ein 4000-qm-Trainingszentrum... und hatte eine insgesamt $35.000 teure Ausbildung, was alles nicht funktioniert!

Ich war es müde...

Das Einzige, was bei mir funktionierte, war persönliches Rekrutieren, von Angesicht zu Angesicht. Jede Menge 2-zu-1-Treffen, Hotel-Meetings und Partys bei Leuten zu Hause. Klassisches Network-Marketing der 70er. Aber so habe ich meine riesige Gruppe aufgebaut. Es hat mich viel Zeit gekostet. Jahre. Es war ermüdend. Es muss für Sie und mich einen besseren Weg geben, eine große Gruppe aufzubauen.

Vorbildlich...

Ich suchte nach jemandem, der es geschafft hatte. Sie wissen schon, ein Mentor. Jemand, dessen Vorbild ich folgen konnte. Ich fand einen Mann, der genau die gleich große Downline in genau der halben Zeit aufgebaut hatte wie ich! Haben Sie schon mal Spock in einer Star-Trek-Folge eine Hirnverschmelzung machen sehen? Ich holte jedes Stückchen Gold aus seinem Hirn, das ich rausholen konnte. Mit Erfolg!

Ich arbeitete klüger, nicht mehr.

Jetzt kommt das Beste! Er zeigte mir, wie hervorragend ich das 70er Jahre-Network-Marketing nutzte. Mein Problem war nur, dass andere das lange nicht so gut konnten wie ich. In der Vergangenheit machte es mir nichts, eine 3-Stundenfahrt auf mich zu nehmen, um jemandem „den Plan zu präsentieren". Abend nach Abend nach Abend. Nach Abend. Heutzutage wollen die Leute ihre Familie nicht mehr so lange alleine lassen oder ein solches Opfer bringen, wie ich es tat. Aus diesem Grund habe ich für Sie das Flex-Net-System geschaffen!

Hälfte der Zeit, keine Körbe!

Menschen sind weder faul noch dumm. Sie sind klug. Klug genug, um zu wissen, dass die Technologie dazu da ist, ihnen das Leben leichter zu machen. Und leichter zu duplizieren. Flexibles Networking. Flex-Net macht viele hundert Präsentationen für Sie und Ihre Gruppe, und zwar Tag für Tag. Im Schlaf. Beim Spielen. Wenn's im Network-Marketing um Zahlen geht, dann steckt das Flex-Net voller Vorteile!

Flex-Net bringt wieder Marketing ins Network-Marketing

Es ist die Verbindung verschiedener Technologien, die Flex-Net so wirksam macht. Schon mal von Synergie gehört? Es ist wie ein Gewebe an Werkzeugen, wodurch jedes einzelne effektiver wird. Hier das Bild: Ein potenzieller Geschäftspartner sieht eine Anzeige oder hört eine Kassette, hört sich anschließend die Ansage auf einer 0800-Nummer an, die ihn an eine Fax-Abfrage weiterleitet, die ihm ein Tele-Training zuschickt, zurück zu weiteren Fax-Abfragen und weiteren Tele-Trainings und schließlich zu Ihnen oder mir.

Sie erkennen die reinste Magie am Werk, nicht wahr?

Die Leute sind bereits dabei, wenn sie Sie anrufen! Sie sind von einem System verwöhnt worden, das ihnen erlaubt, so schnell oder langsam fortzuschreiten, wie sie wollen. Kein Druck, etwas zu kaufen. Sie verkaufen es sich selber! Sie bekommen so viel Information, wie sie brauchen, um eine kluge Entscheidung zu treffen und so viel Zeit, wie sie brauchen, damit sie sich gut fühlen. Jetzt haben Sie jemanden, mit dem sie arbeiten können. Begierig. Eifrig. Motiviert. Ein Träumer. Mit Tatkraft.

Wie schnell möchten Sie wachsen?

Es liegt auf der Hand: Je mehr Leute mit dem Fex-Net in Berührung kommen, je mehr Leute treten am Ende Ihrer Gruppe bei. Potenzielle Geschäftspartner stehen zu Hause im Bademantel, sehen das System und denken: „Das ist prima! Das kann ich auch!" Schon bald gibt es eine Rekrutierungsexplosion in Ihrer Gruppe. Sie heißen die Geschäftspartner in Ihrem Team willkommen. Keine Befürchtungen. Kein Verkauf. Keine Körbe. Sie können immer noch hart arbeiten, wenn Sie wollen, aber Sie tun es auf kluge Weise. Produktiv. Arbeit, die Geld bringt. Viel Geld.

Aber was ist mit dem Training?

Ach ja, der alte Widerspruch. Sie stellen eine Armee auf die Füße. Aber wie bringt man ihr das Kämpfen bei? Da greift die zweite Stärke des Flex-Net-Systems: Es eliminiert abnehmende Gewinne, indem es die Ebenen vertieft, denn es bildet Ihr Team aus! Überlegen Sie doch mal: Der Neue von Ebene 12 hat mit dem Training-auf-Abfrage (TAA) den gleichen Zugang zu Ihrem Training wie Ihre Frontline. Trainingsfaxe, Tele-Training, 3 Konferenzschaltungen pro Woche, 0800-Voice-Mail-Training, Video-Training, Audio-Training. Training, Training, Training! Die Leute werden zu Network-Marketing-Stars! Sie lernen, wie man dupliziert. Hören Sie die Rekrutierungsexplosion schon kommen?

„David, ich habe ein Aha-Erlebnis!"

Großartig! Das sollten Sie auch. Ob Sie meinem Programm beitreten oder nicht, ich habe Ihnen zumindest ein Bespiel gezeigt, wie Sie sich das Leben leichter machen können. Aber lassen Sie sich ruhig Zeit, und erforschen Sie mein Flex-Net-System ganz genau. Analysieren Sie unsere

Trainingskonzepte. Unser Rekrutierungssystem. Unser Programm. Finden Sie heraus, weshalb viele Hunderte wöchentlich unserem Programm beitreten und so viele von ihnen eine Provision verdienen. Sehen Sie selbst, weshalb Sie ein System brauchen, das für Sie wieder Marketing ins Network-Marketing bringt!

KOSTENLOS 30-minütiges Teletraining: 512-555-5555

Manche Leute glauben, die richtige Firma zu finden, sei, als gewinne man im Lotto! ***Völlig falsche Richtung! Falsch, falsch, falsch!***

Kein Wunder, dass sich so viele Network-Marketer überanstrengen. Sie kennen die Antworten nicht. Schlimmer noch, sie kennen noch nicht mal die richtigen Fragen. Sie wissen nicht, worauf man bei einer Network-Marketing-Firma achten muss. Und wichtiger noch, sie wissen nicht, worauf sie bei einem Unterstützungssystem achten müssen.

„Wie viel Fett steckt in diesem Big Mac?"

Sie wollen vor der Lancierung und als Erster dabei sein. Sie konzentrieren sich auf die Produkte. Auf den Provisionsplan. Auf die magische Audio-Kassette. Sie konzentrieren sich auf den magischen Wortführer. Frage: Wenn Sie ein McDonalds-Restaurant für eine Million kaufen würden, hätten Sie dann gern eine exakte Liste der Inhaltsstoffe des „Big Mac", um sicherzugehen, dass er „gut" ist? Wäre es Ihnen wichtig zu wissen, wer als „Ronald der Clown" angeheuert wurde? Oder würden Sie lieber wissen, ob sie das Ganze schlüsselfertig geliefert bekommen, wie stark die Corporate Identity ist und welches Trainings- und Unterstützungssystem Ihnen für den Rest Ihres Lebens Gewinne bringt?

Welche zwei Räume besuchen Sie als Erstes bei einer Firmenbesichtigung?

Sie wissen bereits, dass Sie ein gutes Verbrauchsprodukt brauchen. Es muss konsumiert werden. Firmen, die dauerhafte Produkte anbieten, überleben nicht lange. Niemals. Widersprechen Sie mir nicht, sondern prüfen Sie die Vergangenheit. Sie wissen bereits, dass Sie sowohl für Parttimer als auch Veteranen einen großzügigen und fairen Provisionsplan brauchen. Sie wissen bereits, dass Sie die Kraft einer stabilen, gut geführten Firma brauchen, die hinter Ihnen steht. Bei der Firmenbesichtigung besuchen Sie als Erstes die Versandabteilung und den Computerraum. Wenn Sie eine riesige Downline aufbauen wollen, sollte die Versandabteilung ein Bienenkorb sein, mit jeder Menge Leute, die Bestellungen versandklar machen. Fähig, 1000 Bestellungen täglich zu bearbeiten. Mindestens. Und im Computerraum sollten mindestens genauso viele Leute sitzen wie in der Marketingabteilung. Das ist das Nervenzentrum. Der Hauptcomputer sollte mindestens so groß sein wie Sie und eine riesige Erweiterung aushalten. Ich kannte mal eine sehr kurzlebige Network-Marketing-Firma, die mit einem 286er Notebook verwaltet wurde. Ich sagte ja: kurzlebig.

Das System ist das Geheimnis!

Worum Sie kämpfen, ist ein duplizierbares System, das Neulingen hilft, in relativ kurzer Zeit 20 bis 30 gute Mitglieder zu finden. Ein System, mit dem Sie schnell 500 bis 800 Euro monatlich einfahren. Ein System, das Ihnen hilft, eine dynamische Gruppe von 500 bis 1000 Mitgliedern im ersten Jahr zu schaffen. Ein Vollzeiteinkommen. Arbeitsfrei. Ein System, das wächst und Ihr Team unterstützt und ausbildet, so dass es in zwei bis drei Jahren 5000 bis 10.000 Mitglieder hat. Ein massives Einkommen. Arbeitsfrei. Ein System wie Flex-Net und unser Team, The Do! Team.

Was ist dieses The Do! Team eigentlich?

The Do! Team ist die Downline von David Ledoux, seine Network-Marketing-Organisation. Machen Sie sich keine Sorgen, in einer Minute verfügen Sie über jede Menge Information über uns. Bedenken Sie, dass dieser Junge als Zwanzigjähriger ein Team von über 10.000 Mitgliedern aufgebaut hat!

Sie nennen ihn Steve Austin!

Sein Team macht einen Jahresumsatz von $6 Millionen! Er weiß, wie man ein duplizierbares System aufbaut. Das ist die Stärke von Flex-Net. Und heute gibt es für Sie mehr Unterstützung als je zuvor, und Sie können Ihr Geschäft schneller in massive Gewinnzonen bringen. Das hat es in dieser Branche zuvor noch nicht gegeben. Flexible Rekrutierung. Flexible Unterstützung. Wenn man das mit einer so hervorragenden Firma wie … verbindet, ist das eine unglaubliche Erfolgsformel!

Und jetzt, was Ihnen der 6-Millionen-Dollar-Mann gibt...

Sowie Sie sich dem *Do! Team* angeschlossen haben, genießen Sie fast unfaire Vorteile, die die meisten Network-Marketer nie zu Gesicht bekommen werden!

- Zugang zu Ihrem eigenen Flex-Net-Rekrutierungssystem
- Training auf Abfrage für Ihr gesamtes Team
- Wöchentliche Trainings-Konferenzschaltungen
- Internet-Flex-Net und Training auf Abfrage
- Monatliche Trainingskassetten
- Eigene Rekrutierungswerkzeuge
- Eigene Trainingswerkzeuge
- Zugang zu den besten Werkzeugen für die persönliche Weiterbildung zu Großhandelspreisen
- Dauerhafte internationale Erweiterung, Training und Unterstützung

„Okay, in Ordnung! Ich habe Interesse. Was tue ich als Nächstes?“

Das ist die Kraft des Flex-Net-Systems. Sie können in Ihrer eigenen Geschwindigkeit weiterforschen. Um Ihnen die Auswahl leicht zu machen, hier eine Checkliste. Wenn SIE sich uns anschließen, wird diese Seite personalisiert, so dass potenzielle Geschäftspartner IHR Fax abfragen und SIE anrufen, wenn Sie beitreten wollen!

SCHRITT 1 – 703-555-5555 Dok. 202 Firmenspezifische Faxabfrage. Machen Sie Ihre Hausaufgaben. Warum David und sein Team sich für die Firma … entschieden haben. Weshalb diese Firma sich von den 2000 anderen unterscheidet. Information über die Firma, den Provisionsplan, Produkte und das Anmelde- und Schnellstarterformular. Sie brauchen diese Information, wenn Sie dem *Do! Team* beitreten wollen.

SCHRITT 2 – 703-555-5555 Dok. 203 Training-auf-Abfrage Faxabfrage. Sie bekommen einen schnellen Eindruck von den Insider-Geheimnissen, die David benutzt hat, um sein *Do! Team* aufzubauen und zu trainieren. Sie haben volle Zugangsberechtigung.

SCHRITT 3 – 512-555-5555 *The Do! Team* Tele-Training. Ein exklusives 30-minütiges Training, wie Sie mit dem Flex-Net und *The Do! Team* Ihrem Network-Marketing-Geschäft zu explosivem Wachstum verhelfen. Diese Nummer ist rund um die Uhr und 7 Tage die Woche geschaltet. Wie ein Mini-Infomercial, das rund um die Uhr für Sie wirbt.

SCHRITT 4 – 801-555-5555 Ein Band: Testimonials und Training von den Gründern, Sportlern und Spitzenleuten.

SCHRITT 5 – Machen Sie die Schritte 1 bis 4, und rufen Sie dann an: 1-519-555-5555.

Unterm Strich

Network-Marketing funktioniert. Leute verdienen ein Vermögen. Die Freiheit, das Geld, der Lebensstil – das alles ist wahr. Es kann auch für Sie wahr werden, wenn Sie dem bewährten System folgen und in einem dynamischen Team arbeiten. Dies ist Ihre CHANCE, ein gutes Leben zu führen. Folgen Sie nicht länger der Herde, die in die falsche Richtung läuft. Übernehmen Sie selber die Führung, nehmen Sie Verbindung zu Spitzenleuten auf, und sprinten Sie an Ihr Ziel! Natürlich haben Sie Fragen. Aber weil Sie Ihre Hausaufgaben gemacht haben, haben Sie jetzt die richtigen Fragen.

Ich applaudiere Ihrem Mut. Sie sind ein echter Krieger. Ich bin stolz darauf, mit Ihnen zusammenarbeiten zu dürfen.

„Der Tretmühle entrinnen“

Millionär sucht bis zu 3 Partner im Grey-Bruce Gebiet. Ich werde Ihnen helfen, ein eigenes, profitables Geschäft bei Ihnen Zuhause zu gründen, das Ihnen Spaß machen wird. Sie sollten ehrgeizig, für Training offen sein und Erfolge in Ihrer Vergangenheit vorweisen können. Außerdem sollten Sie Unternehmergeist haben und 10 bis 15 Stunden wöchentlich erübrigen können. Die Anfangskosten liegen bei etwa $950, Training inklusive. Faulenzer brauchen sich nicht zu melden. Nur wer ernsthaft an Erfolg interessiert ist, selbstständig sein will und 2 bis 4 Jahre hart arbeiten möchte, um ein lebenslanges Einkommen zu erzielen, sollte antworten. Falls Sie geeignet sind, besuchen Sie meine Webseite für Führungskräfte www.siesehenprimaaus.com

Gewinnbringende Antworten auf häufig gestellte Fragen

F.: Können Sie die Komponenten Ihres Flex-Net-Systems für mich zusammenfassen?

A.: Sicher! Eine Anzeige, Kassette oder ein Werbebrief führt Neugierige zu einer 0800-Nummer, dann zu einer passenden Faxabfrage, dann zu einem 30-minütigen Tele-Training und schließlich zurück zu einer firmenspezifischen Faxabfrage und zu einer Hotline mit einem Band voller Testimonials. Potenzielle Geschäftspartner haben außerdem Zugriff auf unsere Trainingsfaxabfrage, unser Internet-Training und auf eine wöchentliche Live-Konferenzschaltung. Sie bekommen eine komplette Übersicht. Wenn Sie beitreten, bekommen Sie mein erstaunliches Willkommenspaket für den klugen Start. Sie können sich an das Voice-Mail-Trainingsnetz der … Firma anschließen. E-Mail-Training. Trainings per Konferenzschaltung. Und Sie erhalten die besten Materialien zur persönlichen Weiterbildung der gesamten Branche. Die Kassette des Monats. Das Buch des Monats. Was auch immer man braucht, um ein meisterhafter Network-Marketer zu werden!

F.: Es kommt mir vor, als hätten Sie mehr Aufmerksamkeit fürs Training als für die Rekrutierung. Weshalb?

A.: Ihr Gespür trügt Sie nicht! Das ist ein wohl gehütetes Geheimnis.

F.: Weshalb haben Sie sich für Ihre derzeitige Firma entschieden?

A.: Ich wusste bei meinem ersten Kontakt bereits instinktiv, dass sie besser waren. Es war keine Network-Marketing-Firma wie alle anderen. Die Firma startete als Forschungslabor und Herstellungsanlage. Es gab mehr Laborkittel als Anzugträger, wenn Sie verstehen, was ich meine. Visionäre Wissenschaftler standen am Ruder. Pläne für weltweites Wachstum. Ich wusste auf Anhieb: Wenn ich zwei Jahre lang klug und hart arbeiten würde, würde ich ein Leben lang davon profitieren. Firmeninformation Faxabfrage: 703-555-5555 Dok. 202** Hotline rund um die Uhr: 801-555-5555

F.: Sie verschaffen Ihrer eigenen Downline ganz schön unfaire Vorteile!

A.: Das ist zwar eigentlich keine Frage, aber vielen Dank! Es ist der Sinn meines Lebens, anderen zu helfen, mit Hilfe der Produkte und dem Geschäftsangebot unserer Firma ihre Lebensqualität zu erhöhen. Wenn man die Kraft eines Systems wie das Flex-Net zur Verfügung hat und die Unterstützung des *Do! Teams*, und das in Kombination mit einer fantastischen Firma, hervorragenden Produkten und einem ebenso guten Provisionsplan, dann hat man die Formel für echten Erfolg!

F.: Was steht als Nächstes für Sie an, David?

A.: Ich benutze das Flex-Net, um reiche neue Gruppen in Australien, Neuseeland und der Karibik aufzubauen. Ich sehe das Ganze global. In drei bis fünf Jahren werden wir uns in 25 Ländern befinden. Ich weiß, dass jeder, der die nächsten 2 Jahre hart mit uns zusammenarbeitet, den Rest seines Lebens tun und lassen kann, was er will!

KOSTENLOSES 30-minütiges Teletraining unter der Telefonnummer: 512-555-5555

Beispiel Nr.5: Meine Lieblingsanzeige

Es ist nicht leicht, eine gute Anzeige zu verfassen. Ich benutzte die folgende erstmals 1999. Ich dachte, dass eine derart bissige Anzeige und so viele Eignungstests die Idioten und Schwächlinge aussieben würden. Sie war aber nicht vollkommen.

Eine überraschend große Anzahl Personen füllte den Frageboden im Internet aus, durchlief eine ganze Latte Aussiebungen per E-Mail und hielt sogar der Befragung am Telefon stand, und erst bei einem persönlichen Treffen von Angesicht zu Angesicht sagten einige davon, dass sie eigentlich nur neugierig gewesen waren, wie das alles funktioniert.

Ich wusste, dass ich eine erfolgreiche Anzeige verfasst hatte, als der Discjockey eines lokalen Radiosenders anrief und um ein Interview bat. Ich sagte: „Nein... es sei denn, Sie treten meiner Downline bei.“ Er hatte die Marketingzentrale besucht und das Internet-Verfahren hinter sich gebracht und war so neugierig wie ein Teenager bei seiner ersten Verabredung.

Diese Anzeige hat mir sowohl lokal als auch an anderen Orten hervorragende Leute gebracht. Wenn man mit großen Zeitungen Anzeigengeschäfte macht, muss man hart verhandeln. Kleinstadtzeitungen sind äußerst kosteneffektiv, und der bissige Anzeigentext merzt Idioten aus. Von einer Anzeige wie dieser kann man mehr erwarten als: „Fick dich, du Blödmann!“ auf dem Anrufbeantworter oder als E-Mail. Wenn man keine Reaktionen erhält, war sie nicht kraftvoll genug.

Nochmals, statt sie einfach zu kopieren, studieren Sie sie, und schreiben Sie selbst eine gute Anzeige.

Beispiel Nr .6: Was an der Wand meines Büros klebt

Ich kam aus dem Nichts, als ich 1994 anfing, mein Geschäft „wirklich“ aufzubauen. Klar, ich hatte seit 1987 vor mich hin gewurstelt. Aber erst, als ich die persönliche Weiterbildung entdeckte, fing ich in dieser Branche an, Erfolg zu haben.

Damit ich auf Kurs bleibe, hängen an der Wand in meinem Büro jede Menge Zettel, die mich daran erinnern, was wichtig ist, so dass ich das sowohl bewusst als auch unbewusst immer wieder wahrnehme. Ich nenne Ihnen hier zwei, die mir außerordentlich wichtig sind.
Wenn Sie wollen, können Sie sie gerne benutzen

Der heutige Tag hat 24 Stunden oder 1440 Minuten oder 86400 Sekunden
Wenn alle in meiner Downline tun würden, was ich mache, würden sie damit Geld verdienen?
Habe ich den heutigen Tag mit einer Übersicht, einem Spielplan und Zielen angefangen?
Sollen meine heutigen Taten mich loben oder anstacheln?
Welche zehn Erfolge habe ich heute erzielt?
Für welche zehn Dinge sollte ich heute dankbar sein?
Habe ich heute alle Chancen genutzt, etwas Gewinnbringendes zu tun?
Habe ich meine Affirmationen heute mindestens zwei Mal wiederholt?
Habe ich mich heute an Sinn und Zweck meines Lebens erinnert?
Habe ich mich heute maßvoll und gesund ernährt?
Habe ich mindestens 30 Minuten lang Körpertraining gemacht?
Habe ich heute mit mindestens einer begeisterten Person aus all meinen Linien gesprochen?
Habe ich meine Geschichte heute mindestens fünf neuen Leuten erzählt?
Habe ich in Wort und Tat anderen gezeigt, wie sehr ich sie schätze?
Habe ich eine halbe Stunde lang gelesen?
Habe ich versucht, das Gute in jeder Situation zu sehen?
War ich freundlich und nett zu allen, die ich heute getroffen habe?
Habe ich mich darauf konzentriert, anderen zu helfen zu wachsen und Erfolg zu haben?
Habe ich einen Schritt extra gemacht?
Wie kann ich an dem, was ich heute getan habe, wachsen?

Network-Marketing Erfolgsprinzipien

Wer ein außergewöhnliches Leben führen will, muss sich mit außergewöhnlichen Menschen verbinden.

95 % sind nicht geeignet, sich uns anzuschließen.

Es ist lebensnotwendig, in Ihre Organisation zu investieren und erneut zu investieren.

Man muss wissen, wonach man sucht.

Man muss wissen, wohin man will.

Sie sind für Ihre Zukunft verantwortlich.

Weiterbildung ist unabdingbar.

Beispiel Nr. 7: Super-Samstagstraining

Hier, was ich den Leuten in einer wunderbaren Gruppe in Billings, Montana, im Herbst 2000 aushändigte. Etwa 120 Leute aus 14 US-Staaten und drei kanadischen Provinzen nahmen an diesem Training teil. Keiner davon war Mitglied meiner Organisation. Die hervorragenden Führungskräfte dort glaubten an mich und vertrauten mir so sehr, dass sie mich ihre Leute ausbilden ließen. Das ist eine heilige Verantwortung.

Die Teilnahmegebühr war preiswert, weil ich nicht um ein Honorar gebeten hatte. Sie bezahlten meinen Flug, die Mahlzeiten und die Unterbringung.. Als ich wieder zurückflog, hatte sich meine Vision, worum es in dieser Branche eigentlich geht, erneuert.

Ich glaube, Sie werden diese Papiere nützlich finden, weil sie die 8 Schritte illustrieren, von denen in einem vorigen Kapitel die Rede war.

Montana Super-Samstag, 11. November 2003
Fangen Sie an zu träumen...
1. Wie viel verdienen die Menschen in den folgenden Rängen jährlich?
(Maximale Zentren und ein Bonus von $120 pro Anteil)

Gold _____

Rubin _____

Smaragd _____

Diamant _____

1 Stern _____

2 Sterne _____

Listen Sie 5 Dinge auf, die Sie kaufen, tun oder sich ansehen würden, wenn Sie zum Smaragd-Direktor aufsteigen:

____

____

____

Listen Sie die drei größten Schwierigkeiten auf, die verhindern könnten, dass Sie im Juli des nächsten Jahres Smaragd-Direktor sind.

____

____

B. ORGANISATIONSSTRUKTUR

1. An wie vielen Abenden pro Woche geben Sie derzeit eine Präsentation? ____________________
2. Wie viele Personen haben Sie letzten Monat persönlich gesponsert? ____________________
3. Wie viele Präsentationen haben Sie letzten Monat insgesamt gemacht? ____________________
4. LISTEN Sie Ihre größte Stärke oder Fähigkeit in diesem Geschäft auf? ____________________
5. Listen Sie Ihre größte Schwäche oder Befürchtung im Geschäft auf? ____________________
6. Wenn Sie eine 1-zu-1-Präsentation machen, wie lange brauchen Sie dazu? ____________________
7. Listen Sie die letzten drei Bücher auf, die Sie gelesen haben:

____

____

____

8. Welche Bücher und wie viele Exemplare davon haben Sie auf Lager?

1. Listen Sie die Namen der BESTEN Geschäftspartner in jeder Ihrer Linien auf:

A ______________________________

B ______________________________

C ______________________________

D ______________________________

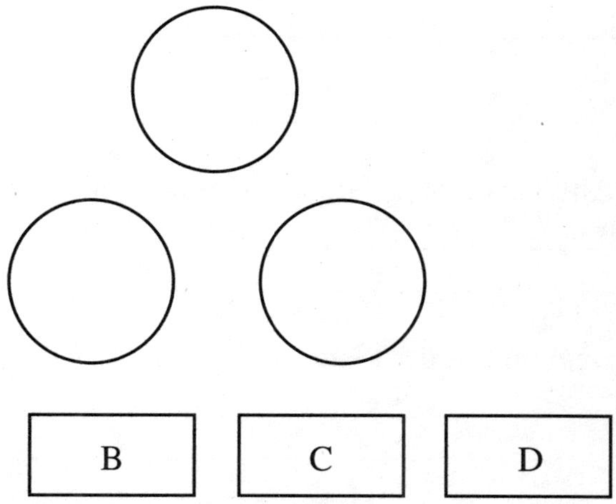

2. Wie viele davon nehmen am Voice-Mail-Programm der Firma teil?

   Wie viele am automatischen Lieferprogramm (über $200)? ____________________

   Wie viele lassen sich die Kassette des Monats zuschicken?____________________

   Wie viele nehmen an der Convention teil?____________________

   Wie viele davon sind heute hier?____________________

C. DAS 5-SCHRITTE-MUSTER – 100 % VORHERSAGBARKEIT

LISTE

____
____
____
____
____
____

Kontaktieren und einladen

____
____
____
____
____
____

PDP + PDP

____
____
____

Follow-up und den Traum sichern

____
____
____

Anfangstraining für neue Geschäftspartner

____
____

Beginnt mit der Liste

____
____

D. DER 8-SCHRITTE-PLAN

Einführung des Redners
Stellen Sie einen guten Draht her

F ____
O ____
R ____
M ____

Traum aufbauen
- Wünsche & Einkommen – 3 Personen

____

____

Wirtschaftlich eingefahrene Gleise

____

____

- Sei dein eigener Chef, Hebelwirkung, Bill Gates
- Network-Marketing
- 100 Stunden pro Woche

Vorteile

- 3 Produktlinien
- Firma
- Training

____

- Ihre Geschichte

Optionen
1. ____

2. ____

3. ____

E. DREAM BUILDING
Das Geheimnis spektakulärer Präsentationen

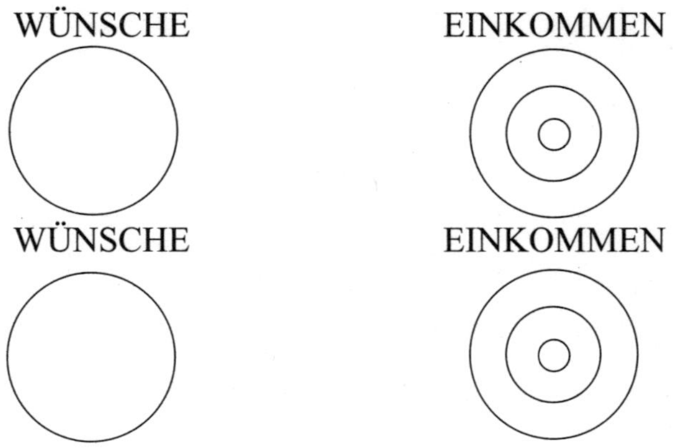

TIPS:

- Als Beispiel eine dritte Person nutzen
- Lassen Sie sich Zeit
- Achten Sie auf entsprechende Körperhaltung (Arme sinken runter, Kopf neigt sich zur Seite)
- Immer zeichnen
- Erleichtern Sie dem Gegenüber seinen Prozess, helfen Sie ihm bei den Kategorien
- Übergang zu den EINGEFAHRENEN WIRTSCHAFTLICHEN GLEISEN - „der Schmerz"

ALLES ZUSAMMENFÜGEN
Massive Dynamik

SIE

„Begeistert für Begeisterte“
- 30 Tage

Das offene Business-Briefing

Das „FAMILIEN“-Meeting

Das „FAMILIEN“-Meeting duplizieren

Treffen

Fünf und sechs Abende die Woche

G. DIE 20. PERSON
Der Schlüssel zur Sicherheit

SIE

Kapitel 14

Schlusswort

Kapitel 14 – Zum Schluss

Man hat Ihnen gesagt, Sie seien verrückt. Ihre Freunde, Kollegen und Familienmitglieder. Man sagte Ihnen, dass es nicht laufen würde. Manche redeten von Betrug. Einige sprachen von Leuten, „die bei so einer Sache mitgemacht haben" und immer noch eine Garage voller Wasserfilter oder Alarmanlagen hätten. Sie haben sich geweigert, das Video anzusehen, sich die Kassette anzuhören oder die Broschüre zu lesen. Sie würden keinesfalls zu „so einem Meeting" mitgehen. Man hat Sie hinter Ihrem Rücken ausgelacht. Und an manchen Tagen hatten Sie Lust, das Ganze an den Nagel zu hängen.

Aber der Freund, der Sie in „das Geschäft" eingeweiht hat, hatte Sie gewarnt, dass dieser Tag kommen würde. Die neuen Freunde, die Sie „im Geschäft" kennen lernten, hatten Ihnen erzählt, dass dieser Tag kommen würde. Und schließlich ist er gekommen...

Eines wunderbaren Morgens im Frühling betreten Sie voller Selbstvertrauen das Büro Ihres Chefs. Sie lehnen sich in dem großartigen Ledersessel, der seinem Büro gegenübersteht, weit zurück, sehen ihm in die Augen und legen die Füße auf seinen Schreibtisch. Sie hinterlassen dabei kleine Kratzer auf der polierten Oberfläche. Sie lassen einen kraftvollen Seufzer fahren und falten die Hände hinter dem Kopf. Sie genießen jede wundervolle Sekunde dieser Erfahrung.

Sein Mund steht erstaunt offen, und seine Augen enthüllen den Schock und die Verwirrung, die über ihn hereingebrochen ist. Entspannt und freundlich sagen Sie endlich die Worte, die Sie schon seit Jahren sagen wollen: „Chef, ich kündige."

Er lässt die Schultern und den Kopf sinken. Er stiert einen Moment lang auf den Boden. Er atmet tief ein, gewinnt wieder ein wenig Mut, hebt den Kopf und schaut Ihnen in die Augen. Mit einem müden Lächeln schüttelt er Ihnen das letzte Mal die Hand. Er weiß, dass Sie endlich frei sind.

Ein Tumult in der Lobby des Bürogebäudes erregt die Aufmerksamkeit der Mitarbeiter. Männer und Frauen in Freizeitkleidung haben das Büro gestürmt! Sie erkennen die lächelnden Gesichter Ihrer Freunde: Upline, Downline und Familie. Sie ziehen Ihnen ein Sweatshirt über den Kopf, auf dem steht: „Ab heute im Ruhestand!" Sie überreichen Ihnen ein riesiges Bouquet Ballons, und jeder lächelt in die Kamera fürs Gruppenfoto. Sie winken Ihren alten Kollegen, die Sie und Ihr kleines Business die letzten 4 Jahre belächelt haben, zu: „Auf Nimmerwiedersehen!"

Man führt Sie vor das Bürogebäude, wo die allerlängste Stretch-Limousine auf Sie wartet, die Sie jemals gesehen haben. „Ist die für mich?", rufen Sie. Das Gekicher Ihres Teams ist die Antwort!

Als Sie gerade einsteigen, sehen Sie ein bekanntes Gesicht, das Sie anstrahlt. Es ist der Pförtner, der Ihnen breit lächelnd die Hand schüttelt: „Herzlichen Glückwunsch zu Ihrer Pensionierung!" Und dann sagt er: „Seit letztem Monat bin ich ‚Direct'. In 9 Monaten bin ich so weit wie Sie!" Er war der Einzige im ganzen Gebäude, der sich Ihr Geschäft ansehen wollte und vor einem Jahr Partner geworden ist. In weniger als einem Jahr wird auch er frei sein.

Während die riesige Limousine losfährt, schauen Sie durch das Rückfenster und werfen einen letzten Blick auf das Gebäude, wo Sie so viel für so wenig gegeben haben. Die Fenster beschlagen, wo Ihre ehemaligen Kollegen die Nase ans Fenster drücken, um einen letzten Blick auf Sie zu erhaschen. Sie winken und

hören die Champagnerkorken im Wagen knallen. Die Gläser werden gefüllt, um Ihnen zuzuprosten...
Ihre Ruhestandsfeier diesen Abend ist die aufregendste Nacht Ihres Lebens. Ihr Ehepartner ist da, die gesamte Downline, Mitglieder Ihrer Upline, sogar ein paar Multi-Millionäre sind in ihren Privatjets angeflogen gekommen, um Ihnen beim Feiern zu helfen. Man prostet Ihnen zu, und Redner um Redner verkündet das Lob Ihrer harten Arbeit und all das, was Sie damit erreicht haben und wie Sie hunderten Anderen auf Ihrem Weg geholfen haben. Schließlich sind Sie an der Reihe.

Ihre Stimme versagt fast, als Sie Ihre Dankbarkeit zum Ausdruck bringen. Sie empfinden die Schwierigkeiten, die Sie unterwegs hatten, noch einmal. Ganz egal, wie viele Menschen „Nein" gesagt haben, Sie suchten weiterhin nach denjenigen, die „Ja" sagten. Sie ermutigen die neuen Geschäftspartner und sagen, dass sie auch weiterhin gute Bücher lesen, inspirierende Kassetten hören und an allen Treffen, Trainings und Meetings teilnehmen sollten. Und schließlich danken Sie Ihrer Familie, die die ersten beiden Jahre so häufig das gemeinsame Abendessen für Sie geopfert hat. Ihre wunderbare Familie, die Sie ermutigt hat, wenn es Ihnen schlecht ging und Sie bei der Stange hielt, wenn Sie schon aufgeben wollten. Ihre Opfer waren es wert. Sie sind finanziell unabhängig!

Das Wochenende vergeht wie im Flug. Es scheint, als wolle das Barbecue, wo Ihre Freunde vorbeikommen und Ihnen gratulieren, nie enden. Ihr Faxgerät spuckt eine Gratulation nach der anderen aus der ganzen Welt aus, während sich auch die E-Mails stapeln. „Japan? Wen kenne ich denn in Japan? Ach so... ein wundervolles Fax, nicht wahr?" Sie geloben, dass Sie, wenn einer aus Ihrem Team die Tretmühle der Vollzeitjobs verlässt, ihm oder ihr genauso ein Fest zubereiten, wie Ihr Sponsor es Ihnen heute bereitet hat.

Am Montagmorgen schrecken Sie hoch: „O nein! Ich komme zu spät zur Arbeit! Der Wecker hat nicht geklingelt!" Panik überfällt Sie einen Moment, aber dann lächeln Sie und lassen sich wieder ins Kissen fallen. Sie hatten den Wecker nicht gestellt. Sie brauchen nie wieder arbeiten zu gehen. Ihr Leben gehört jetzt Ihnen! Sie sind frei!

Es ist Montag. Zeit für den Provisionsscheck! Statt Ihren Anzug anzuziehen, die alte Uniform des mehr Schlecht als Recht, ziehen Sie Ihren Bademantel an und Ihre Hausschuhe. Sie nehmen den Schlüsselbund, gehen zur Garage und steigen in Ihren Cadillac. Sie haben ihn seit einem Jahr und können noch immer den wunderbaren Ledergeruch eines Neuwagens riechen. Als Sie dieses Auto kauften, wussten Sie, dass Sie es geschafft hatten! Ihr Geschäft war nur halb so groß wie heute, aber Sie konnten den Wagen trotzdem bar bezahlen. Es war nicht die größte und luxuriöseste Karosse, aber es war IHRER - nicht wahr? Die Leute im Büro dachten, Sie hätten ihn gestohlen oder im Lotto gewonnen, wissen Sie noch?

Sie starten den Motor, lassen ihn kurz aufheulen und starten Ihre Lieblings-CD. Sie legen den Rückwärtsgang ein und fahren langsam die Auffahrt runter. Am Ende halten Sie beim Briefkasten und steigen aus. Sie begrüßen den Briefträger mit einem freundlichen: „Guten Morgen!"

Er fragt Sie, ob Sie diese Woche Urlaub machen. Mit einem Millionen-Grinsen antworten Sie: „Nein, ich bin jetzt Frührentner! Erinnern Sie sich noch an das kleine Geschäft, von dem ich Ihnen erzählt hatte? Nun, es ist ganz schön gewachsen!" Sie greifen in den Briefkasten, und ja, da ist er, der freundliche grüne Scheck. Sie fischen ihn raus und reißen den Umschlag auf. „Also wirklich!", rufen Sie aus, „ich werde ganz schön überbezahlt!" Über 350 Leute in Ihrer Downline in sechs Ländern haben letzten Monat Produkte gekauft. Das ist ein Wachstum von 9 % im Vergleich zum Vormonat.

Der Briefträger schaut Sie erstaunt an. „Wenn ich Ihnen heute Abend ein Video in den Briefkasten werfen würde, würden Sie es sich morgen ansehen und mir Ihre Meinung dazu sagen?", fragen Sie ihn. Er nickt erstaunt. Sie grinsen, klopfen ihm auf die Schulter und sehen, wie Ihre Nachbarn zur Arbeit fahren.

Sie springen wieder in den Cadillac und fahren ihn zur Garage. Zeit fürs Frühstück.

Später am Nachmittag fahren Sie zur Bank rüber und deponieren Ihren Provisionsscheck. Während Sie in der Reihe stehen, sehen Sie eine Schalterbeamtin verschmitzt lächeln. Sie sorgt dafür, dass sie Sie bedienen kann, als Sie an die Reihe kommen. „Herzlichen Glückwunsch zum Ruhestand!", sagt sie strahlend. „Ich habe diese Woche zwei Leute gesponsert, nachdem ich ihnen Ihre Geschichte erzählt hatte. In ein paar Jahren möchte ich, dass es mir genauso geht wie Ihnen!"

Sie ist Ihrem Geschäft vor etwa neun Monaten beigetreten, nachdem sie Sie Monat um Monat den Scheck hat abliefern sehen, der von Mal zu Mal größer wurde. Mit fast 25 Leuten in ihrer Organisation ist sie auf dem besten Wege. Sie grinsen und erinnern sie daran, darauf zu achten, dass ihr ganzes Team nächsten Monat am Regionaltraining teilnimmt. Beim Gehen schieben Sie ihr noch eine neue Kassette über Führungskraft zu, die Sie gerade empfangen haben. „Hier, die ist für Sie! Ich halte Sie nämlich für eine ganz hervorragende Führungskraft!" Ihre Anerkennung versüßt ihr den gesamten Tag. Sie vergisst die grantigen Kunden ebenso wie ihren undankbaren Chef. Sie wissen, dass auch sie in etwa ein bis zwei Jahren ein ganz eigenes Leben führen wird.

An diesem Abend beschließen Sie, auf der Veranda Ihres Hauses ein paar telefonische Dreierkonferenzen mit Ihren Spitzenleuten zu führen. Sie sprechen mit begeisterten Teammitgliedern auf dem ganzen Kontinent und erzählen ihnen Ihre Geschichte. Es ist ein produktiver Abend, an dem Sie eine ganze Reihe neuer Geschäftspartner dazugewinnen und ausbilden.

Ihre Ehepartnerin bringt zwei heiße Tassen Tee auf die Veranda, und sie genießen den Sonnenuntergang gemeinsam. Die Vergangenheit der letzten paar Jahre, die Härten und die Triumphe, das alles verschwindet langsam. Es gibt nur noch diesen Moment. Eine untergehende Sonne taucht den Himmel in feuriges Rot. Tränen des Glücks lassen die Sicht verschwimmen.

Sie haben es geschafft. Sie sind frei. Sie können den Rest Ihres Lebens tun und lassen, was Sie wollen...

Das Ende

(oder der Anfang, vielleicht...)

Literaturempfehlung

Literaturempfehlung

Wenn Sie sind wie ich, haben Sie sich dieses Handbuch ausgedruckt, durchgeblättert und von hinten angefangen zu lesen. Oder, wenn Sie logisch vorgehen, haben Sie das Ganze bis hierher durchgelesen. Egal, ob Sie hier angefangen haben oder erst am Ende hier gelandet sind, wir haben gemeinsam die letzten Seiten des Handbuches erreicht! Jetzt noch ein paar Bücher, mit denen Sie anfangen können, eine Bibliothek für lebenslange Weiterbildung aufzubauen.

Bücherempfehlungen – Werkzeuge, die einen Unterschied machen. Ich habe nur Werkzeuge aufgenommen, mit denen ich persönlich Erfahrung gemacht habe.

Andrecht, Venus: *MLM Magic - How An Ordinary Person Can Build An Extraordinary Networking Business From Scratch*
Butwin, Robert: *Street Smart Networking*
Fogg, John Milton: *Der Beste Networker der Welt, Gespräche mit dem Besten Networker der Welt*
Gage, Randy: *How To Earn at Least $100,000 Per Year in Network Marketing*
Hedges, Burke: *You can't go second with your foot on first*
Hill, Napolean: *Denke nach und werde reich. Die 13 Gesetze des Erfolgs.*
Kalench, John: *Erreichen Sie Höchstform in MLM* und *17 Geheimnisse meisterhafter Rekrutierung*
Pilzer, Paul: *Die Nächste Billion, Would You Quit Before You're Fired?* und *Unlimited Wealth*
Robbins, Anthony: *Das Powerprinzip. Grenzenlose Energie; Das Robbins Power Prinzip. Wie Sie Ihre wahren inneren Kräfte sofort einsetzen; Das Prinzip des geistigen Erfolgs. Der Schlüssel zum Power-Programm*
Schreiter, Tom: ("Big Al"): *MLM Vertriebspartnergewinnung, Wie Sie mit Spaß und Profit MLM-Führungskräfte gewinnen, Wie Sie eine Wachstumsexplosion in MLM erzeugen, Turbo MLM, Fördern mit Erfolg, Network Marketing Secrets Newsletter*
Waitley, Dr. Denis: *Nur wer handelt, kann gewinnen, Der Kern unserer Kraft*
Yarnell, Mark and Rene: *Ihr erstes Jahr in Network Marketing*
Hilton Johnson: *Flashkarten, Die Hilton Johnson Sammlung*

Branchenveröffentlichungen (in Englisch), die Sie lesen sollten

Universalprofit Marketing Power (http://www.universalprofit.com)
The Network Trainer und *Fortune Now* (http://www.fortunenow.com)
MLM Players (http://www.mlmplayers.com)
MLM University (http://www.mlmu.com)
Networking Times (http://www.networkmarketingtimes.com)

Webseite des Verlages:
http://www.mlm-training.com